"十三五"国家重点出版物出版规划项目 材料科学研究与工程技术系列图书
黑龙江省精品图书出版工程／"双一流"建设精品出版工程

U0181012

材料变形力学基础及有限元原理和软件使用

FUNDAMENTALS OF MATERIAL DEFORMATION MECHANICS AND FINITE ELEMENT THEORY AND SOFTWARE APPLICATION

刘祖岩 孙 宇 编著

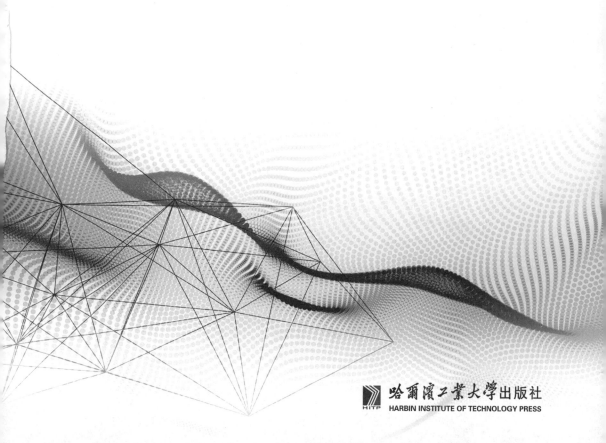

哈爾濱工業大學出版社
HARBIN INSTITUTE OF TECHNOLOGY PRESS

内 容 简 介

全书内容包括应力分析,应变分析,应力－应变关系,最小作用量原理及能量极值原理,有限元原理、软件及其使用以及有限元模拟算例。本书给出了用于四维模型表示法的程序,并对有限元法的哲学意义进行了说明。

本书对传统材料变形力学知识体系进行了更新,增加了当代最新理论与方法,摒弃了部分陈旧过时的内容,体系完备,内容简练实用。

本书适合作为材料加工行业的专业技术人员和相关专业学生的参考书。

图书在版编目(CIP)数据

材料变形力学基础及有限元原理和软件使用/刘祖岩,孙宇编著. —哈尔滨:哈尔滨工业大学出版社,2021.5
ISBN 978 - 7 - 5603 - 9319 - 3

Ⅰ.①材… Ⅱ.①刘…②孙… Ⅲ.①材料力学
Ⅳ.①TB301

中国版本图书馆 CIP 数据核字(2021)第 014032 号

策划编辑 许雅莹 李子江
责任编辑 庞 雪 杨 硕
封面设计 屈 佳
出版发行 哈尔滨工业大学出版社
社　　址 哈尔滨市南岗区复华四道街 10 号 邮编 150006
传　　真 0451 - 86414749
网　　址 http://hitpress.hit.edu.cn
印　　刷 哈尔滨博奇印刷有限公司
开　　本 710mm×1020mm 1/16 印张 15.5 字数 301 千字
版　　次 2021 年 5 月第 1 版 2021 年 5 月第 1 次印刷
书　　号 ISBN 978 - 7 - 5603 - 9319 - 3
定　　价 38.00 元

前　言

　　广义而言,世界上存在的一切物质都可以称为材料;狭义而言,材料是指结构材料,就是以构件或者制作构件的原料的形式被我们利用的物质。结构材料主要考虑材料的力学性能。

　　对结构材料的研究已有了比较丰硕的成果:材料力学、结构力学、弹性力学、塑性力学、断裂力学和理论力学等。上述这些都属于固体力学。

　　以前,研究的方法主要包括矢量力学,要列公式及解方程,在材料力学中应用得比较成功;在弹性力学中应用得有一些成功;在塑性力学中应用得基本不成功。现在,研究的方法是分析力学,随之发展起来的有限元法在很多领域都获得了成功。

　　作者在学习总结了材料力学、结构力学、弹性力学、塑性力学和有限元原理等后,头脑中逐渐形成了一种想法,就是要把这些相近的固体力学或材料变形的基本原理和知识体系,以基本概念、分析问题的思路、基本原理、软件为主线,在有限元的基础上统一起来,有了写作一本新书的计划。新书的题目可以是《新编弹性塑性力学》《材料力学》《广义材料力学》《固体变形力学》《材料变形力学》等,其中以《材料力学》最为简洁、合适,但这一名称已被广泛地应用于描述杆状材料的受力变形分析过程中,同时考虑到作为教材,一定要增加有限元原理和软件使用方面的内容,故本书取名《材料变形力学基础及有限元原理和软件使用》。

　　"材料变形力学"是传统意义上"材料力学""结构力学""弹性力学""塑性力学"的一个有机综合,这个综合是建立在有限元原理的基础之上。作者希望这本书对于读者扩大知识面、提高对相近知识体系的综合能力和挖掘体系内部深刻的基本原理有所帮助,并为其进一步的学习和工作提供一些新视角和新思路。

　　本书第 1 章为应力分析,第 2 章为应变分析,第 3 章为应力—应变关系,第 4 章为最小作用量原理及能量极值原理,第 5 章为有限元原理、软件及其使用,第 6 章为有限元模拟算例。本书尽量简明地介绍固体力学的基本概念、基本原理、软件及其使用。

　　本书由刘祖岩和孙宇撰写,书中模拟计算及例题得到了林俊峰、蒋少松、袁林、王克环、王警卫、王小可、任杭等的协助,在此表示衷心感谢。

　　书中疏漏之处在所难免,敬请读者批评指正。

作　者
2020 年 12 月

目 录

绪论:弹性力学、塑性力学新旧体系比较

本章针对现有的弹性力学和塑性力学体系进行了深入细致的梳理和分析,指出了解析方法对复杂问题的无效,而数值解法,也就是有限元法,是解决复杂问题的有效途径,同时强调了有限元软件才是真正的理论和技术之集大成者。有限元的方法和思路对辩证唯物主义的发展有启发和促进作用。

众所周知,物理学既是科学技术发展中一门重要的带头学科,也是认识客观世界的最基础的学科。它包括力、热、声、光、电、磁、核、粒子、放射性等,其中由伽利略和牛顿建立的经典力学体系是最早完成的,并对之后发展起来的各门科学都有重要影响。

以结构和材料本身的变形为例,人们是从两个方面来认识和理解的,即宏观的力学方面和微观的晶体学方面,所形成的两个方面的体系就是力学基础和物理基础(也称冶金基础)。力学基础就是固体力学;包括理论力学、材料力学、结构力学、弹性力学、塑性力学和断裂力学。而冶金基础主要是从晶体学、材料学等角度来分析和理解变形,包括晶胞、晶粒、固溶体、位错、滑移、孪晶、扩散、第二相等概念及其之间的关系。

狭义的理论力学主要就是矢量力学或牛顿力学,研究的对象是机械系统,研究物体所受外力之间以及与物体运动之间的关系,此时物体被认为是刚性的,即忽略了物体本身的形状、受力变形等情况。广义的理论力学包括矢量力学和分析力学(拉格朗日力学或哈密顿力学),更像是研究客观世界的数学方法。

材料力学主要研究杆状构件,也就是长度远大于高度和宽度的构件,在拉压、剪切、弯曲、扭转作用下的应力和位移。而结构力学是在材料力学基础上研究由杆状构件所组成的结构,也就是杆件系统(如桁架、刚架等)的受力变形情况。至于非杆状的结构,如板和壳以及挡土墙、堤坝、地基等实体结构,则在弹性力学中加以研究。在材料力学中,除了从静力学、几何学、物理学三方面进行分析外,大多还引用一些形变状态和应力分布的假设,这就大大简化了数学推演。在弹性力学中,一种方法是数学弹性力学,只用精确的数学推演而不必引用那些假设,就能得到比较精确的结果,但其适用范围非常窄;另一种方法是实用弹性力学,对于复杂的问题也和材料力学一样,引用一些形变状态和应力分布的假设,简化复杂的数学推演。

塑性力学是研究物体在发生塑性变形过程中,应力、应变、温度等之间关系的科学。断裂力学是研究物体发生断裂的原因、条件和发展变化规律的科学。

研究材料变形遇到两大难题,一个是材料应力—应变关系的非线性,另一个是研究对象的几何非线性。能绕开这两个难题,就属于材料力学和结构力学的研究范围;不回避几何非线性难题,就是弹性力学的范围。而对塑性力学而言,这两个难题是不能避免的,是必须解决的,几何形状简单则对于塑性变形来说意义不大。至于断裂则还要充分考虑材料微观组织的变化,难度就更大了。

以关于弹性力学的教材为例,过去其主要内容有应力分析、应变分析、应力—应变关系、基本方程组、平面问题解法、空间问题解法、能量原理及变分法,具体的杆、柱、板、壳变形计算等,现在有些教材中加进了有限元原理及应用的内容。以关于塑性力学或塑性变形原理方面的教材为例,塑性力学体系主要包括应力分析、应变分析、屈服准则、应力－应变关系及各种解析方法等。

弹性力学和塑性力学都建立在以下的一定假设条件下:

(1)连续性假设。(弹性力学、塑性力学)

(2)均匀性假设。(弹性力学、塑性力学)

(3)各向同性假设。(弹性力学、塑性力学)

(4)完全弹性假设。(弹性力学)

(5)位移和形变是微小的。(弹性力学)

(6)体积不变假设。(塑性力学)

这些假设忽略了物体微观组织性能的变化,表明了弹性力学、塑性力学是一个应用于宏观领域的方法,在微观领域不一定是有效的。

0.1 弹性力学与塑性力学旧体系分析

0.1.1 应力分析

应力分析就是从静力学的观点研究物体在外力作用下的平衡状态,并得出平衡微分方程。应力分析所遵循的原理是牛顿三大定律(惯性,$F = ma$,作用力和反作用力的大小相等、方向相反),牛顿三大定律是经典力学的基础。应力分析不涉及材料的性质,所得结果对各种连续介质普遍适用。应力分析是固体力学的基础,适用于材料力学、结构力学、弹性力学和塑性力学等。

0.1.2 应变分析

应变分析是从几何学的观点研究物体在外力作用下的内部质点相对位置的改变情况,并得出几何方程和变形协调方程。应变分析所遵循的原理是物质不灭定律和连续性假设(甚至还包括欧氏几何)。需要注意的是,非致密的粉末体变形后具有拓扑性质,这很难用现有理论去分析。具体到塑性力学中,物质不灭定律又可等价于体积不变假设。应变分析同样不涉及材料的性质,其结果对各种连续介质普遍适用,即适用于材料力学、结构力学、弹性力学和塑性力学等。

0.1.3 应力 － 应变关系

任何一个物体在外力作用下,其内部应力和应变之间的关系,即本构关系,是由该物体自身固有的性质决定的。目前它只能由实验(一般为单向拉伸实验)测定出来,并进一步分为弹性关系和塑性关系,其中的区别就是明显的或不明显的人为定义的屈服点。本构关系是非常重要的,是材料力学、弹性力学和塑性力学的基础。这一关系目前还不能用理论分析推导得来。

在弹性力学范围内,本构关系就是广义胡克定律,即

$$\frac{\varepsilon_1'}{\sigma_1'}=\frac{\varepsilon_2'}{\sigma_2'}=\frac{\varepsilon_3'}{\sigma_3'}=\frac{3\bar{\varepsilon}}{2\bar{\sigma}}=\frac{1}{2G}=\frac{1+\mu}{E}$$

在塑性力学范围内,本构关系由以下两个理论来表示:

① 增量理论:

$$\frac{\mathrm{d}\varepsilon_1'}{\sigma_1'}=\frac{\mathrm{d}\varepsilon_2'}{\sigma_2'}=\frac{\mathrm{d}\varepsilon_3'}{\sigma_3'}=\frac{3\mathrm{d}\bar{\varepsilon}}{2\bar{\sigma}}=\mathrm{d}\lambda_z$$

② 全量理论:

$$\frac{\varepsilon_1'}{\sigma_1'}=\frac{\varepsilon_2'}{\sigma_2'}=\frac{\varepsilon_3'}{\sigma_3'}=\frac{3\bar{\varepsilon}}{2\bar{\sigma}}=\lambda_q$$

在弹性阶段,应力和应变一一对应。而在塑性阶段,应力和应变不一定一一对应,但一个应变对应一个应力。

这里会产生以下几个问题:

(1) 为什么弹性阶段的本构关系称为定律,而塑性阶段的称为理论?

(2) 为什么塑性力学的本构关系要强调两个理论?哪一个更好?

(3) 泊松比是常数吗?对钢材而言,泊松比是如何从弹性的 0.3 变化到塑性的 0.5 的?

要注意,有教材说:"在应力主轴方向不变的条件下,增量理论和全量理论是等价的,或者说,增量理论是全量理论的微分形式,全量理论是增量理论的积分形式。"这种说法是不准确的,是没有被分析、说明和证明的。$\mathrm{d}\lambda_z$ 不是 λ_q 的微分,它们之间没有明确清晰的关系。

实质上,全量理论的比值就是应力−应变曲线上一点 (ε,σ) 与坐标原点 $(0,0)$ 连线斜率的倒数(忽略了系数 3/2)。而增量理论的比值则是应力−应变曲线上一点 (ε,σ) 与应变坐标轴上某点 $(\varepsilon_1,0)(0\leqslant\varepsilon_1<\varepsilon)$ 连线斜率的倒数(同样忽略了系数 3/2),这里应变增量 $\mathrm{d}\varepsilon=\varepsilon-\varepsilon_1$。

由此看来,无论是增量理论还是全量理论,其比值一般都不是常数,即使实测的应力−应变关系在塑性阶段是线性的,这个比值也不是常数。但是有一种情况除外,即在塑性阶段应力不变条件下,当应变增量恒定时,增量理论的比值是常数,但全量理论的比值仍不是常数。如果全量理论的比值为常数,那就意味着弹性阶段没有结束,塑性阶段没有开始。但广义胡克定律中这个比值被设定为常数(因为泊松比被设定为常数)。无论这个比值是否为常数,一旦应力−应变曲线确定,任何时刻的这个比值也就能被确定,后续的变形分析便能够进行,只是结果的准确性和精度有待进一步验证。

对于真实的三维应力、应变,要抽象为等效应力和等效应变,以便与单向拉

伸实验中的应力和应变通过增量理论或全量理论对应起来。

粗略地讲，增量理论和全量理论不过是一种假设或一种处理方法，更清楚的说法应该是塑性变形阶段本构关系的增量处理方法或全量处理方法，本质上都是假设各主应变或主应变增量与应力偏量之间的比例关系。进一步讲，增量理论和全量理论要么可以上升为公理，要么就应该下降为假设或处理方法，唯独称"理论"是不合适的。但是考虑到历史原因和约定俗成，姑且仍称之为"增量理论"和"全量理论"。

广义胡克定律、全量理论或增量理论又被称为物理方程。严格地讲，本构关系就应该是由物理方程和实测的应力－应变曲线两个部分组成，缺一不可。物理方程应确定三维应力－应变状态下不同方向上应变与应力偏量比值之间的关系，而实测的应力－应变曲线确定这个比值的具体数值。

若考虑非简单加载情况，增量理论更实用些。尤其在使用计算机软件的情况下，增量处理方法也是很适用的。全量处理方法可能易于被解析解法所接受，但解析的方法一直不是实用的方法。

严格地说，泊松比不是常数，对钢材而言，弹性阶段将泊松比看作常数0.3是一种假设，在塑性阶段其值基本为0.5。此时全量理论和广义胡克定律可以在屈服点处统一起来。离开屈服点后，两者就不是一回事了。

0.1.4　屈服准则

对于有些材料，变形从弹性转到塑性是比较明显的，也就是屈服点在应力－应变关系曲线上比较清楚，而对于另外一些材料，其屈服点是不明显的，这时人为规定当发生了永久应变0.2%时，就认为是材料发生了屈服。屈服点就是弹性变形与塑性变形的分界点。

对于屈服点的表述有两个屈服准则常被提及，即屈雷斯加准则和米塞斯准则。屈雷斯加准则是最大剪应力达到某一数值时，表示屈服，其表达式简单；而米塞斯准则是弹性形变能达到一定程度时，表示屈服，表达式相对来说复杂些。米塞斯准则在主应力空间是一个圆柱面，而屈雷斯加准则在主应力空间，则是这个圆柱面的内接正六棱柱面。实验表明：多数韧性材料的屈服现象服从米塞斯准则。那么为什么在很多教材里要保留屈雷斯加准则呢？据说是因为手工计算方便，但现在都是用计算机程序来计算，这应该不是问题了，况且有限元软件计算过程中有计算屈服准则的情况吗？这又带出一个问题来，那就是屈服准则的意义是什么？

屈服准则对于材料力学、弹性力学是有意义的，它代表着材料弹性变形的极限。对于塑性力学和有限元法，可以说屈服准则的意义不如材料的应力－应变关系曲线的意义大，或者说屈服准则的意义不大，甚至说屈服准则就没有意义。

实际真正有意义的是实际测量的应力－应变关系曲线。这个曲线关系才是弹性力学、塑性力学的核心基础，而屈服点只不过是这个曲线上的一点而已。

为什么要用屈服点来分出弹性力学和塑性力学呢？这主要是因为过去是用解析的方法来研究材料变形过程。弹性阶段有胡克定律，塑性阶段有增量处理方法，这些为解析分析做了铺垫，只可惜解析解的道路走不通，而采用有限元法，这些铺垫的意义就没有那么大，或者说不明显，甚至没有用了。

0.1.5 弹性力学各种解析方法的评价

弹性力学崇尚严格的解析解，直到 20 世纪中叶，人们才有了一种名副其实的正解法——弹性力学平面问题的复变函数解法。但是不论这个解法有多神奇、有多美，它能提供的解答都非常有限。除此以外，没有其他名副其实的正解法。固体学的计算方法经历了一个从精确解法到近似解法、从解析方法到数值方法的发展过程，这一过程可以依据其历史阶段分为 3 种类型，即传统解析方法（位移法、应力法、复变函数法）、近似求解方法（古典数值方法、里兹法、加权余量法和有限差分法）及现代数值方法（有限元法、边界元法和其他方法）。

解析方法的基础是针对空间问题的 15 个未知的应力、应变分量建立 15 个基本方程，即 3 个应力平衡方程、6 个几何方程和 6 个物理方程。之后以位移分量作为基本未知量求解上述方程组，就是位移法；若以应力分量作为基本未知量求解上述方程组，就是应力法；也可以采用混合的方法。这些还只是解题的一个思路，直接求解微分方程一般是不可能的。到目前为止，在数学、物理等领域，可解的微分方程不超过十几个，绝大多数微分方程是不可解的。可解微分方程占全部微分方程的比例趋于零。因此，在求解具体问题时，只能采用逆解法或半逆解法，即采用多项式、级数或者复变函数等作为未知应力函数，去求解上述方程组。结果往往是只能在平面范围内针对极其简单的问题得到结果，而且还要花费大量的推导、计算时间。对于稍微复杂一点的问题很难得到有用的结果，方法均不具有通用性。若是针对三维空间问题，解析法几乎无能为力。鉴于此，各种数值解法便有了实际意义，并逐渐发展起来。

目前，有限差分法、有限元法及边界元法是比较常用的数值方法，它们分别建立在经典力学模型的 3 个等价数学表述之上，即微分方程、变分方程和边界积分方程，最后得到线性代数方程组。有限差分法的核心是在连续区域（包括边界）用离散的点集代替，然后将微分近似用点集上的差分代替，由此可将微分方程替换成差分方程。有限元法的核心首先是离散化，然后应用能量极值原理或加权余量法求得变分方程。边界元法也像有限元法一样需要划分单元和节点，但这些单元和节点只布置在区域的边界上，近似过程只来源于边界，所以边界元法有半解析法之称，它和有限元法有本质上的不同。

在这些数值解法中,有限元法是最有效、最实用、发展最快,也最完善的方法。但在现有的弹性力学和塑性力学体系中,有限元还不是主要的部分。最近五年内出版的教材中已经有趋势要将有限元方法加入弹性力学、塑性力学体系,这是一个好的开始。

0.1.6　塑性力学解析方法(主应力法、滑移线法及上限法)的评价

主应力法的应用是建立在一系列假设的基础上的:二维、几何形状简单、基元上的正应力与一个坐标无关并为均匀分布,忽略摩擦对塑性条件的影响。

据说这种方法"应用广泛",但能得到的结果只能是确定接触面上的应力大小和分布,且计算结果的准确性与所做假设和实际情况的接近程度有关。

实际上,这种方法所需要的一系列假设就已经决定了其适用范围极其狭窄,对实际问题是无能为力的。虽然它被多次写在了教材里,让人觉得似乎学会了它,就可以举一反三解决一些实际问题,但实际上根本不是这样。它只能被尝试着对极其简单的问题寻求解答,而结果的意义又不大,作为例题用于上课和考试而已,无法得到推广。

滑移线法也是要有很多假设的:二维、几何形状简单,忽略摩擦的影响,材料无硬化和软化(或者不能考虑温度和应变速率的变化,否则其核心的汉基应力方程就不能建立)。部分教材说其应用范围极窄或者没有应用,下面举个例子说明其应用范围极其狭窄。

以屈服强度为 100 MPa 的材料为例,采用滑移线法和有限元法分别计算平冲头压入半无限体和深冲孔时的单位应力,冲头宽度为 20 mm,如图0.1和图0.2所示。

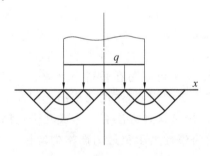

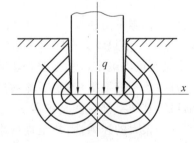

图 0.1　平冲头压入半无限体示意图　　　图 0.2　平冲头深冲孔示意图

1. 平冲头压入半无限体问题

平冲头压入半无限体的应力分布见表0.1。

表 0.1　平冲头压入半无限体的应力分布

计算项目	滑移线法计算结果	有限元法计算结果
①单位载荷	5.14 kN/mm	5.18 kN/mm
②应力分布（平均值）	−257 MPa	−340～−180 MPa
③等效应力	100 MPa	100 MPa
冲头附近	$\sigma_1 = 0$（假设）	$\sigma_1 = -10～10$ MPa
	$\sigma_2 = -50$ MPa（假设）	$\sigma_2 = -55～-45$ MPa
	$\sigma_3 = -100$ MPa（假设）	$\sigma_3 = -100$ MPa

2. 平冲头深冲孔问题

平冲头深冲孔的应力分布见表0.2。

表 0.2　平冲头深冲孔的应力分布

计算项目	滑移线法计算结果	有限元法计算结果
①单位载荷	8.3 kN/mm	4.7 kN/mm
②冲头底面应力分布	−414 MPa	−270～−230 MPa
③等效应力	100 MPa	10～30 MPa
冲头侧面	$\sigma_1 = 0$（假设）	$\sigma_1 = 10～30$ MPa
	$\sigma_2 = -50$ MPa（假设）	$\sigma_2 = 10$ MPa
	$\sigma_3 = -100$ MPa（假设）	$\sigma_3 = 0$ MPa

　　从以上结果可以看出,对于平冲头压入半无限体问题,滑移线法和有限元法的结果接近,标志着滑移线法的计算结果是正确的。而对于平冲头深冲孔问题,滑移线法的计算结果就大有问题了,完全不对,标志着这种方法不适用。一个例题的正确是否可以确定这种方法是正确的,是可以写在教科书里的?回答是不可以,这种方法不能被推广,也不能被进一步应用,其作用和使用范围同主应力法是相近的,其结果都只能是被淘汰。恰恰是这种方法有一个或几个正确的例题,使它有了很大的迷惑性,甚至被推崇为塑性力学里最为严格的解析方法,而它的无用反倒被忽略了。

　　上限法的基础是虚功原理,这可与有限元法相媲美。其原理是说得通的,主应力法和滑移线法的基本原理也是说得通的,但原理说得通并不代表其方法就一定实用、好用和能用。上限法应用的前提条件是要建立一个连续的速度场,且需满足速度边界条件和体积不变条件。这非常不容易,即使是二维问题也非常不容易,更不用说三维问题了。采用手工计算几乎是不可能,而且没有人肯为这种方法编制通用计算程序，如果针对一个问题需要编写一个程序，那它显然远远不如有限元法。

解析的方法很难逾越材料非线性应力－应变关系的难关，更难逾越二维到三维的难关，即使稍微复杂一点的二维问题也过不了关，其在几何非线性面前均败下阵来。

0.2　材料变形力学新体系说明

现有弹性力学和塑性力学体系的基点或出发点是"推公式、列方程、解析解"，似乎认为这是认识客观事物的唯一正确的方法，其解就是精确解，就是真实解。在这样的基点上就产生了弹性力学的若干解析解法和塑性力学的解析方法（主应力法、滑移线法及上限法）。这些方法除了能解决几个极其简单的问题外，解决不了任何实际问题，因此无法推广。除了能被用来上课、考试之外，没有其他用处。显然这样的思路把弹性力学和塑性力学引进了死胡同。

过去限于人们认识客观世界的能力、手段和水平等，对未知世界探索时走了弯路，都是正常的、可以理解的、无可非议的。但现在有了新的、有效的、好的有限元方法，就有必要对过去的方法、手段甚至思路、观念重新审视一番。

有限元法的基点或出发点是离散化、最小作用量原理或能量极值原理、线性方程组及数值解，这也应该成为新的弹性力学和塑性力学体系的基点或出发点。

旧的弹性力学和塑性力学都对应力分析和应变分析做了比较详细的说明。应用牛顿力学原理和数学可以对材料的应力关系、应变关系进行非常准确和完美的三维分析。这是要保留下来的，也是固体力学的基础。

应力－应变关系是来源于实验的，至少目前它不是从什么理论、定律中分析推导出来的。即使现在做出了很多实验结果，也很难将其总结为某种通用的理论或公式。应力－应变关系是客观的，是弹性力学、塑性力学的核心基础。如果用旧的观念和思路去研究这一曲线，自然要分为弹性和塑性两个阶段，进而导致弹性力学和塑性力学分家。而采用有限元法的思路，则认为应力－应变曲线是完整的一条曲线，没有必要分为两个部分，这就使得弹性力学和塑性力学统一起来。统一起来的力学可以被称为"弹塑性力学"，也可以进一步将材料力学统一进来，形成更全面、系统、统一的"材料变形力学"。

屈服的本质是塑性变形。如何判定塑性变形？首先是实验，如果实验结果不清晰，就人为定义。实验得到的或人为定义的屈服点是应力－应变曲线上的一个点，是弹性变形和塑性变形的区分点。针对具体研究的材料，当其发生变形时，什么样的变形处于弹性阶段和什么样的变形处于塑性阶段是必须先搞清楚的,也是比较容易搞清楚的。这样知道了应变,也就知道了变形状态。如果知道了应力状态,可不可以知道变形状态?答案是可以,这就是屈服准则。屈服准则是用应力状态对屈服点的一种表述。在材料力学、弹性力学范围内,若使用解析法,则可以采用位移法,也可以采用应力法。采用应力法时,当需要判断弹性变形或塑性变形时,就要用到屈服准则。而在塑性力学范围内,应力法是不适用的,所以屈服准则也就没有了用武之地。

新体系应该强调有限元法的基本原理,也就是最小作用量原理或能量极值原理,要清楚没有最小作用量原理就没有变分原理。

历史上最早发现的自然界中存在的"最小"法则,可以追溯到古希腊时代。当时的哲学家和科学家根据哲学、神学和美学的原则,认为事物总是被最简单和天然的规律所支配,大自然总是以最短捷的可能途径行动,如光线传播的最短路径原理。1843年哈密顿提出了哈密顿原理,这成为牛顿之后力学理论发展的一个最大的飞跃。哈密顿原理是哈密顿形式的最小作用量原理,它不仅适用于有限个自由度的力学体系及无限个自由度的力学体系(连续介质),还适用于非力学体系。通过选取不同的作用量函数,从最小作用量原理出发可以推导出力学、电动力学、量子力学、狭义相对论及广义相对论的基本规律,这样最小作用量原理就成为处理整个物理学领域的一个基本方法。

最小作用量原理在其发展和应用过程中有两点需要强调:一是过去在经典力学、电动力学和量子力学领域,都是先掌握了物理规律形式,然后才用最小作用量原理推导出已发现的定律。而现在人们在研究新的物理场时,所能依据的就是最小作用量原理,并由它导出场方程和守恒定律。二是热力学的熵增原理还没有被合理地推导出来,两者之间的关系还不清楚。这一关系问题是一个比较大、比较深、很重要的问题。有人提出熵增原理没有考虑引力作用,是个有局限的原理。

新体系还要阐述清楚能量极值原理与最小作用量原理的关系。能量极值原理包括最小势能原理、最小余能原理和虚功原理。

最小作用量的单位是能量×时间,对于一个结构平衡系统而言,时间已不是变量,所以最小作用量蜕化为能量。如果用能量来描述一个可能的系统状态,则可以得到一条曲线。在所有可能的系统状态中,其真实状态的能量是最小的,同时此处的切线是水平的。能量最小表示最小势能(余能)原理,切线说明虚功原理。虚功原理的本意就是给系统一个虚拟的位移,导致一个虚拟的系统状态,并产生一个虚功,考虑到虚拟的位移比较小且有变化,而虚功等于零,这正和切线的定义相吻合,也就说明虚功是在切线上变化的。

新体系也要说明离散与综合这一辩证过程的意义。

先离散后综合的方法是认识复杂事物的有效手段。离散可以使问题的复杂性、非线性转化为简单性、线性,之后的综合又使得有限个离散的碎片还原为一个整体。综合过程中一定要遵循一个原理,这个原理可以是物质不灭定律、能量守恒原理或者最小作用量原理等。离散具体表现为一分为 N,综合具体表现为合 N 为一,体现了离散碎片之间的普遍联系和发展变化所遵循的原则或原理,这些深刻地反映了辩证法的核心本质。这些是新体系的哲学理论核心,标志着"材料变形力学"是一个科学的体系。

新体系还要对有限元软件的认识和使用有所说明。

有限元分析实现的方法是数值离散技术,最后的技术载体是有限元软件。有限元软件的成功应用标志着有限元法的正确、成熟和实用,也标志着"材料变形力学"是一个完善的、实用的科学体系。

在有限元法使用过程中,自然就对所研究问题的初始条件、边界问题、摩擦、换热等有了切实的认识、理解和把握。

新的材料变形力学体系与现有的旧的弹性力学、塑性力学体系是有本质区别的。材料变形力学新、旧体系的关系示意图如图 0.3 所示。旧体系是从牛顿定律出发,通过列方程和解方程以求得解析解。实际最后的环节没有走通。新体系则是从离散化出发,化复杂为简单,然后遵循一个公理将离散的碎片综合起来,得到线性方程组求得数值解。新体系继承了旧体系中合理、可行的部分,如通过加权余量法将微分方程转换为泛函,进而得到线性方程组。

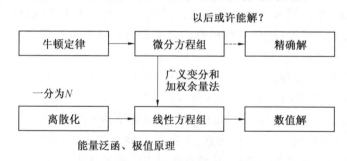

图 0.3 材料变形力学新、旧体系的关系示意图

从本质上讲,有限元法也是求解微分方程的一种近似方法,一个软件中的一个功能就是针对一个问题的微分方程组的近似解法,因此有限元法不仅能成功地处理结构分析中的各种复杂问题,还被有效地用于求解热传导、流体力学及电磁场等领域的计算问题。

新体系对旧体系的继承原则是:有物理意义的继承;有助于理解的可以继承;被有限元程序采用了的继承;其他的应该被淘汰。也就是说,应力分析、应变分析要继承,应力—应变关系要继承,其他的(如屈服准则和解析解法等),都应被淘汰。

还有几个问题需要研究探讨：

（1）什么是真实解？什么是精确解？解析解、数值解及实测结果哪个是真实解？哪个是精确解？微分方程组的解是什么样的解？有限元解或数值解一定是近似解吗？量子力学的出现及分形几何的发展不都证明了真实世界是离散的，而连续只是数学上的描述或近似吗？

在过去的观念、思路和体系中都认为冥冥之中有一个真实精确的"解"，这个解只可以用不经假设、不经简化的解析法得到，但实际又得不到。而由假设和简化过的解析解是近似解，数值解是近似解，实测结果也是近似解。

换个观点来看，把实测结果作为真实解，把和实测结果接近的有限元数值解作为有效解，放弃解析解，放弃"真实精确的解"，也就是说无法确定实测的真实解和有限元数值解哪个是精确的。

（2）对材料弹性、塑性变形有两个视角来观察和分析：宏观的力学观点和微观的晶体学观点。两者现在能统一起来吗？现在看是不能。弹性力学和塑性力学所用概念、定义、基础假设、方法等都是宏观意义上的，有限元法也是建立在这个基础上的。用宏观的观点和方法去解释、解决微观意义上的应力集中、失稳、断裂等问题可行吗？可信吗？微观问题的初始条件是如何确定的？这些都是值得进一步思考的问题。

（3）数值模拟与实验的关系如何？实验是真实的，数值模拟是对实验的总结、概括和把握。数值模拟只有完成"实验—模拟（理论）—再实验（验证）"这一循环才能成为成熟的理论（软件），而只有成熟的理论才是可以信赖和使用的。未完成这一循环的理论就是未成熟理论，只具有启发、参考、探索意义。

有一种看法，即理论是由公理和定理组成的演绎系统；另有一种看法，即理论是一簇与经验同构的模型。科学哲学的研究结果倾向于第二种看法。有限元原理包含公理和定理，体现着系统变化的演绎规律，同时数值模拟的结果又是一簇"与经验同构的模型"。有限元法、有限元软件从两个方面分别佐证着目前对"理论"的认识或定义水平，它才是材料变形力学领域真正的理论、技术之集大成者。

第 1 章

应力分析

本章针对变形体内某一点的应力状态进行了深入浅出的分析,指出在任意坐标系下,一点的应力状态必须由 1 个张量,即 9 个矢量来表示。但是又总存在一个主应力坐标系,只需由 3 个矢量(3 个主应力)组成的 1 个张量来表示。一点的应力状态既可以用代数式表示,也可以用几何图形(应力莫尔图)表示。在此基础上,可以建立单元的应力平衡微分方程,为后续的分析打下基础。

材料在不同环境或条件下,承受各种外加载荷(如拉伸、压缩、弯曲、扭转、冲击、交变应力等)时所表现出的力学特征,可以通过强度、弹性、塑性、韧性、硬度、疲劳、耐磨性等指标进行表征,这些称为材料的力学性能,是研究材料变形的基础。

　　在外力作用下,材料内部产生相互作用的内力。内力是材料任意截面上的合力,如弯矩、剪力、轴力等。与截面垂直的应力称为正应力或法向应力,与截面相切的应力称为切应力。按照载荷作用的形式不同,应力又可以分为拉伸应力、压缩应力、弯曲应力和扭转应力等。应力会随着外力的增加而增大,对于某一种材料,应力的增大是有限度的,超过这一限度,材料就要被破坏,应力可能达到的这个限度称为该种材料的极限应力。极限应力值要通过材料的力学实验来测定。

　　在载荷作用下,材料内部将同时产生应力与应变。应力不仅与点的位置有关,而且与截面的方位有关,通过一点不同截面上的应力情况称为应力状态。应力状态理论是研究指定点处的方位不同截面上的应力之间的关系。应力状态理论是强度计算的基础。本章主要介绍应力状态分析,为研究材料变形力学奠定基础。

1.1　应力状态分析

　　变形过程中物体所承受的外力(即作用力)可以分为两类:一类是作用在表面上的力,称为面力或接触力,它可以是集中力,也可以是分布力;另一类是作用在物体每个质点上的力,称为体力、重力、磁力和惯性力等。一般情况下,体力相对于面力是很小的,可以忽略不计。

　　物体在外力作用下发生变形,变形时物体中各处所受的应力一般是不相同的,即使同一点在不同方位上的应力也是不相同的。一点的应力状态是指物体内一点任意方位微小面积上所承受的应力情况,即应力的大小、方向和个数。

　　假设在直角坐标系中有一个受任意力系作用的物体,物体内有一受应力作用的任意点 Q,围绕该点切取一矩形六面体为单元体,其棱边分别平行于 3 个坐标轴。由于各个单元体表面上的全应力都可以按坐标轴方向分解为一个正应力和两个切应力,那么 3 个相互垂直的单元体表面上则有 9 个应力分量,任意点 Q 的应力状态可以用这 9 个应力分量来表示。这 9 个应力分量分别是 3 个正应力分量和 6 个切应力分量,如图 1.1 所示。

　　由于单元体处于静力平衡状态,不发生旋转,因此绕单元体各坐标轴的合力矩等于零,故可以导出以下关系:

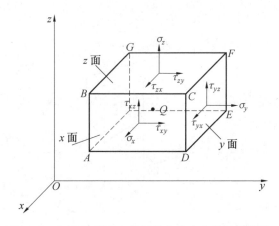

图 1.1　直角坐标系中单元体上的应力分量示意图

$$\tau_{xy} = \tau_{yx}, \ \tau_{xz} = \tau_{zx}, \ \tau_{yz} = \tau_{zy}$$

这就是切应力互等定理。它表明，为了保持单元体的平衡，切应力总是成对出现。这样，9 个应力分量中只有 6 个是独立的，所以表示应力作用点的应力状态只需要 6 个独立应力分量。

$$\boldsymbol{\sigma}_{ij} = \begin{bmatrix} \sigma_x & \tau_{xy} & \tau_{xz} \\ \tau_{yx} & \sigma_y & \tau_{yz} \\ \tau_{zx} & \tau_{zy} & \sigma_z \end{bmatrix}$$

式中，$\boldsymbol{\sigma}_{ij}$ 是应力张量的缩写符号；下角标 i 和 j 分别表示 x、y、z。因此，$\boldsymbol{\sigma}_{ij}$ 代表了 9 个应力分量，其中下角标不重复表示切应力分量。

由于切应力互等，因此应力张量是对称张量。张量有许多特性，例如，张量可以合并，也可以分解，存在主方向，有主值及不变量等，这些对进一步分析应力状态是很有用的。

当变形体是旋转体时，用圆柱坐标系表示更为方便，3 个坐标轴分别为 ρ（径向）、θ（切向）及 z（轴向）。圆柱坐标系中单元体上的应力分量示意图如图 1.2 所示，应力张量为

$$\boldsymbol{\sigma}_{ij} = \begin{bmatrix} \sigma_\rho & \tau_{\rho\theta} & \tau_{\rho z} \\ \tau_{\theta\rho} & \sigma_\theta & \tau_{\theta z} \\ \tau_{z\rho} & \tau_{z\theta} & \sigma_z \end{bmatrix}$$

1.1.1　任意斜面上的应力

如果已知变形体中一点的 9 个应力分量，便可以求得过该点任意斜面上的应力，这表明该点的应力状态完全被确定。下面通过静力平衡来求任意斜面上的应力。

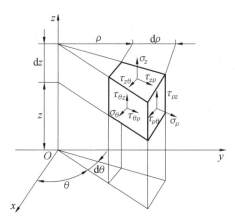

图 1.2　圆柱坐标系中单元体上的应力分量示意图

从受力物体中取出任一小的四面体 $QABC$，如图 1.3 所示。这个四面体的 3 个面与坐标面平行，而第 4 个面的法线 N 与坐标轴 x、y、z 之间夹角的余弦（即方向余弦）是 l、m、n。设任意斜面 ABC 的面积为 $\mathrm{d}A$，则其在坐标面上的投影面积分别为

$$\mathrm{d}A_x = l\mathrm{d}A, \mathrm{d}A_y = m\mathrm{d}A, \mathrm{d}A_z = n\mathrm{d}A$$

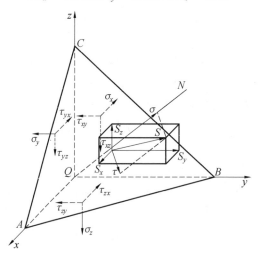

图 1.3　任意斜面上的应力

又设斜面 ABC 上的全应力为 S，它在 3 个坐标轴方向上的分量为 S_x、S_y、S_z，由于四面体 $QABC$ 处于平衡状态，根据静力平衡条件 $\sum F_x = 0$，有

$$S_x\mathrm{d}A - \sigma_x\mathrm{d}A_x - \tau_{yx}\mathrm{d}A_y - \tau_{zx}\mathrm{d}A_z = 0$$

整理得

$$S_x = \sigma_x l + \tau_{yx}m + \tau_{zx}n$$

同理有

$$\begin{cases} S_y = \tau_{xy}l + \sigma_y m + \tau_{zy}n \\ S_z = \tau_{xz}l + \tau_{yz}m + \sigma_z n \end{cases} \tag{1.1}$$

于是,任意斜面 ABC 上的全应力 S 为

$$S^2 = S_x^2 + S_y^2 + S_z^2$$

全应力在法线上的投影就是斜面上的正应力,即

$$\sigma = S_x l + S_y m + S_z n$$
$$= \sigma_x l^2 + \sigma_y m^2 + \sigma_z n^2 + 2(\tau_{xy}lm + \tau_{yz}mn + \tau_{zx}nl)$$

由于

$$S^2 = \sigma^2 + \tau^2$$

因此斜面上的切应力为

$$\tau^2 = S^2 - \sigma^2$$

由此可见,任意斜面的应力都可以用 3 个相互垂直面上的应力分量,即 6 个独立应力分量来确定。

1.1.2　主应力和应力不变量

一般来说,在过任一点所做的任意方向的单元面积都有正应力和剪应力。如果在垂直于某一方向的平面上剪应力等于零,则此方向即称为主方向,该平面称为主平面,在该面上的正应力便称为主应力。显然,当剪应力等于零时,主应力 σ 与主平面上的全应力 S 为同一应力,于是全应力 S 在坐标轴上的投影为

$$S_x = Sl = \sigma l, S_y = Sm = \sigma m, S_z = Sn = \sigma n$$

将其代入式(1.1),整理后得

$$\begin{cases} (\sigma_x - \sigma)l + \tau_{yx}m + \tau_{zx}n = 0 \\ \tau_{xy}l + (\sigma_y - \sigma)m + \tau_{zy}n = 0 \\ \tau_{xz}l + \tau_{yz}m + (\sigma_z - \sigma)n = 0 \end{cases} \tag{1.2}$$

式(1.2)是以 l、m、n 为未知数的齐次线性方程组,常数项为零,其解就是应力主轴的方向。由几何关系可知,方向余弦之间存在以下关系:

$$l^2 + m^2 + n^2 = 1 \tag{1.3}$$

即 l、m、n 不可能同时为零。若有非零解,则方程组(1.2)的系数行列式应当等于零,即

$$\begin{vmatrix} \sigma_x - \sigma & \tau_{yx} & \tau_{zx} \\ \tau_{xy} & \sigma_y - \sigma & \tau_{zy} \\ \tau_{xz} & \tau_{yz} & \sigma_z - \sigma \end{vmatrix} = 0$$

展开行列式,整理后得

$$\sigma^3 - J_1\sigma^2 - J_2\sigma - J_3 = 0 \tag{1.4}$$

式中

$$J_1 = \sigma_x + \sigma_y + \sigma_z$$
$$J_2 = \tau_{xy}^2 + \tau_{yz}^2 + \tau_{zx}^2 - \sigma_x\sigma_y - \sigma_y\sigma_z - \sigma_z\sigma_x$$
$$J_3 = \sigma_x\sigma_y\sigma_z + 2\tau_{xy}\tau_{yz}\tau_{zx} - (\sigma_x\tau_{yz}^2 + \sigma_y\tau_{zx}^2 + \sigma_z\tau_{xy}^2)$$

方程(1.4)的 3 个实根就是主应力 σ_1、σ_2、σ_3,一般取 $\sigma_1 > \sigma_2 > \sigma_3$。应力主轴方向的 l、m、n 可由式(1.2)和式(1.3)联立求得。

对于一个确定的应力状态只能有一组主应力。因此,式(1.4)的系数 J_1、J_2 和 J_3 应该是单值,不随坐标而变,分别称为第一、第二和第三应力不变量。当坐标变换时,虽然每个应力分量都将随之改变,但这 3 个量是不变的,所以称为不变量。因为方程式中的主应力,其大小与方向在物体形状和引起内力变化因素确定后,便是完全确定的,它不随坐标系的改变而变化。

若 3 个坐标轴的方向为主方向,分别用 1、2、3 表示,则某一点的应力状态只有 3 个主应力,应力张量为

$$\boldsymbol{\sigma}_{ij} = \begin{bmatrix} \sigma_1 & 0 & 0 \\ 0 & \sigma_2 & 0 \\ 0 & 0 & \sigma_3 \end{bmatrix}$$

在主坐标系中,斜面上应力的公式可以简化。应力张量的 3 个不变量可简化为

$$J_1 = \sigma_1 + \sigma_2 + \sigma_3$$
$$J_2 = -(\sigma_1\sigma_2 + \sigma_2\sigma_3 + \sigma_3\sigma_1)$$
$$J_3 = \sigma_1\sigma_2\sigma_3$$

在 3 个主应力中,如果有两个主应力为零,这时的应力状态称为单向应力状态;如果有一个主应力为零,则是两向应力状态,或称为平面应力状态。如果 3 个主应力中有两个相等,称为圆柱体应力状态;如果 3 个主应力都相等,称为球应力状态,此时所有方向都是主方向,且应力都相等。

过变形体中一点做任意斜面,当斜面上的切应力为极大值时,该切应力称为主切应力。主切应力作用的平面称为主切应力平面。主切应力平面共有 12 个,它们分别与一个主平面垂直,与另外两个主平面相交成 $45°$ 角。

主切应力值为

$$\begin{cases} \tau_{12} = \pm\dfrac{1}{2}(\sigma_1 - \sigma_2) \\[2mm] \tau_{23} = \pm\dfrac{1}{2}(\sigma_2 - \sigma_3) \\[2mm] \tau_{31} = \pm\dfrac{1}{2}(\sigma_3 - \sigma_1) \end{cases}$$

3 个主应力中绝对值最大的一个称为最大切应力,用 τ_{max} 表示,一般有 $\sigma_1 > \sigma_2 > \sigma_3$,所以最大切应力为

$$\tau_{max} = \tau_{13} = \frac{1}{2}(\sigma_1 - \sigma_3)$$

1.1.3　应力张量和等效应力

应力张量通常可以被分为两部分,一部分是反映平均应力大小的球张量,另一部分是应力偏张量,表达式为

$$\begin{bmatrix} \sigma_x & \tau_{xy} & \tau_{xz} \\ \tau_{yx} & \sigma_y & \tau_{yz} \\ \tau_{zx} & \tau_{zy} & \sigma_z \end{bmatrix} = \begin{bmatrix} \sigma_x - \sigma_m & \tau_{xy} & \tau_{xz} \\ \tau_{yx} & \sigma_y - \sigma_m & \tau_{yz} \\ \tau_{zx} & \tau_{zy} & \sigma_z - \sigma_m \end{bmatrix} + \begin{bmatrix} \sigma_m & 0 & 0 \\ 0 & \sigma_m & 0 \\ 0 & 0 & \sigma_m \end{bmatrix}$$

$$\text{应力张量} \qquad\qquad \text{应力偏张量} \qquad\qquad \text{应力球张量}$$

应力球张量只引起弹性变形,对塑性变形不起明显作用。而应力偏张量反映应力差值,并决定塑性变形的发生和发展。应力偏量对塑性变形来说是一个十分重要的概念。对于不同的塑性加工工序,加载的形式不同,所引起的应力的大小和符号可能不同,但只要它们的应力偏张量类似,就可以得到类似的变形结果。

以变形体内任意点的应力主轴为坐标轴,在主轴坐标系空间 8 个象限的等倾斜面构成一个正八面体,正八面体的每个平面称为八面体平面,面上的应力称为八面体应力。由于八面体平面与坐标轴等倾,因此其方向余弦有 $|l| = |m| = |n|$,或 $l = m = n = \pm 1/\sqrt{3}$,可求得八面体主应力和八面体切应力:

$$\sigma_8 = \frac{1}{3}(\sigma_1 + \sigma_2 + \sigma_3) = \sigma_m = \frac{1}{3}J_1$$

$$\tau_8 = \frac{1}{3}\sqrt{(\sigma_1 - \sigma_2)^2 + (\sigma_2 - \sigma_3)^2 + (\sigma_3 - \sigma_1)^2} = \sqrt{\frac{2}{3}J_2'}$$

由上文可以看出,八面体主应力就是平均应力,即球张量,是不变量;而八面体切应力则与球张量无关,是与应力偏张量第二不变量有关的不变量。

主应力平面、主切应力平面和八面体平面都是一点应力状态的特殊平面,共有 26 个。

将八面体切应力取绝对值,并乘以 $3/\sqrt{2}$ 得到另一个表示应力状态不变量的参量,定义为等效应力,也称广义应力或应力强度,用 $\bar{\sigma}$ 表示。对于主轴坐标系有

$$\bar{\sigma} = \frac{1}{\sqrt{2}}\sqrt{(\sigma_1 - \sigma_2)^2 + (\sigma_2 - \sigma_3)^2 + (\sigma_3 - \sigma_1)^2}$$

对于任意坐标系有

$$\bar{\sigma} = \frac{1}{\sqrt{2}}\sqrt{(\sigma_x - \sigma_y)^2 + (\sigma_y - \sigma_z)^2 + (\sigma_z - \sigma_x)^2 + 6(\tau_{xy}^2 + \tau_{yz}^2 + \tau_{zx}^2)}$$

应该指出的是,等效应力并不代表某一实际平面上的应力,但可以理解为一点应力状态中应力偏张量的综合作用。等效应力是研究塑性变形的一个重要概念,它和材料的塑性变形有密切关系。

在单向拉伸时,由于 $\sigma_2 = \sigma_3 = 0$,则有

$$\bar{\sigma} = \sigma_1$$

即等效应力等于单向应力状态的主应力,其值可由简单拉伸实验求出。

在物体变形过程中,一点的应力状态是会变化的,这时需要判断是加载还是卸载。在塑性理论中,一般是根据等效应力的变化来判断:如果等效应力增大,称为加载,其中若各个应力分量都按同一比值增加,则称为比例加载或简单加载;如果等效应力不变,称为中性加载,此时各个应力分量可能不变,也可能此消彼长地变化;如果等效应力减少,称为卸载。

分析三向应力的作用结果远不如分析单向应力时简单容易,但如果用等效应力来概括一个复杂的三向应力状态,则可以将其等效转化为单向应力状态,从而使问题得以简化。因此,等效应力具有化三维为一维的特殊作用。

1.2　应力平衡微分方程

1.2.1　直角坐标方程

在外力作用下处于平衡状态的变形物体,其内部点与点之间的应力大小是连续变化的,也就是说,应力是坐标的函数。

在直角坐标系中,设物体内某一点 Q 的坐标为 x、y、z,应力状态为 $\boldsymbol{\sigma}_{ij}$。在 Q 点无限临近处有另一点 Q_1,其坐标为 $(x+\mathrm{d}x, y+\mathrm{d}y, z+\mathrm{d}z)$,则形成一个边长为 $\mathrm{d}x$、$\mathrm{d}y$、$\mathrm{d}z$ 并与坐标面平行的平行六面体。由于坐标发生了变化,因此点 Q_1 的应力比点 Q 的应力要增加一个微小的增量。如点 Q 在 x 面上的正应力分量为 σ_x,则点 R 在 x 面上的正应力分量应为 $\sigma_x + \dfrac{\partial \sigma_x}{\partial x}\mathrm{d}x$,依此类推,如图 1.4 所示,故点 Q_1 的应力状态为

$$\boldsymbol{\sigma}_{ij} + \mathrm{d}\boldsymbol{\sigma}_{ij} = \begin{bmatrix} \sigma_x + \dfrac{\partial \sigma_x}{\partial x}\mathrm{d}x & \tau_{xy} + \dfrac{\partial \tau_{xy}}{\partial x}\mathrm{d}x & \tau_{xz} + \dfrac{\partial \tau_{xz}}{\partial x}\mathrm{d}x \\[3mm] \tau_{yx} + \dfrac{\partial \tau_{yx}}{\partial y}\mathrm{d}y & \sigma_y + \dfrac{\partial \sigma_y}{\partial y}\mathrm{d}y & \tau_{yz} + \dfrac{\partial \tau_{yz}}{\partial y}\mathrm{d}y \\[3mm] \tau_{zx} + \dfrac{\partial \tau_{zx}}{\partial z}\mathrm{d}z & \tau_{zy} + \dfrac{\partial \tau_{zy}}{\partial z}\mathrm{d}z & \sigma_z + \dfrac{\partial \sigma_z}{\partial z}\mathrm{d}z \end{bmatrix}$$

因为六面体处于静力平衡状态,作用在六面体上的所有力(不考虑体积力)

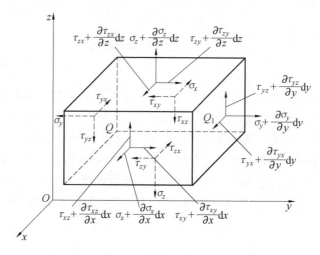

图 1.4　直角坐标系中某一点邻区的应力平衡

沿坐标轴上的投影之和应等于零,故有以下应力平衡微分方程组:

$$\begin{cases} \dfrac{\partial \sigma_x}{\partial x} + \dfrac{\partial \tau_{yx}}{\partial y} + \dfrac{\partial \tau_{zx}}{\partial z} = 0 \\[3mm] \dfrac{\partial \tau_{xy}}{\partial x} + \dfrac{\partial \sigma_y}{\partial y} + \dfrac{\partial \tau_{zy}}{\partial z} = 0 \\[3mm] \dfrac{\partial \tau_{xz}}{\partial x} + \dfrac{\partial \tau_{yz}}{\partial y} + \dfrac{\partial \sigma_z}{\partial z} = 0 \end{cases}$$

1.2.2　圆柱坐标方程

当变形体是旋转体时,用圆柱坐标更方便。按同样方法,得到圆柱坐标的应力平衡微分方程组为

$$\begin{cases} \dfrac{\partial \sigma_\rho}{\partial \rho} + \dfrac{1}{\rho}\dfrac{\partial \tau_{\theta\rho}}{\partial \theta} + \dfrac{\partial \tau_{z\rho}}{\partial z} + \dfrac{\sigma_\rho - \sigma_\theta}{\rho} = 0 \\[3mm] \dfrac{\partial \tau_{\rho\theta}}{\partial \rho} + \dfrac{1}{\rho}\dfrac{\partial \sigma_\theta}{\partial \theta} + \dfrac{\partial \tau_{z\theta}}{\partial z} + \dfrac{2\tau_{\rho\theta}}{\rho} = 0 \\[3mm] \dfrac{\partial \tau_{\rho z}}{\partial \rho} + \dfrac{1}{\rho}\dfrac{\partial \tau_{\theta z}}{\partial \theta} + \dfrac{\partial \sigma_z}{\partial z} + \dfrac{\tau_{\rho z}}{\rho} = 0 \end{cases}$$

求解一般的三维问题是很难的,在处理实际问题时,通常要把复杂的三维问题简化为平面的或轴对称的二维问题。平面问题的应力状态有两类:一类是平面应力状态;另一类是平面应变状态下的应力状态。

1.3 应力莫尔圆

应力莫尔圆法也是表示点的应力状态的方法。如果说前面所讲的表示点的应力状态的方法是代数法,那么应力莫尔圆法就是几何法。通过应力莫尔圆可以更加直观地了解某一点的应力状态。

设变形体中某点的 3 个主应力为 σ_1、σ_2、σ_3,且 $\sigma_1 > \sigma_2 > \sigma_3$,则在 $\sigma - \tau$ 坐标系中,以 $(\sigma_1, 0)$、$(\sigma_2, 0)$、$(\sigma_3, 0)$ 3 点中的任意两点连线为直径,可作 3 个圆,这就是应力莫尔圆,如图 1.5 所示。显然,3 个圆的圆心都在 σ 轴上,圆心到原点的距离分别为 $\dfrac{\sigma_1 + \sigma_2}{2}$、$\dfrac{\sigma_1 + \sigma_3}{2}$ 和 $\dfrac{\sigma_2 + \sigma_3}{2}$。3 个圆的半径恰好是主切应力值,即 $\dfrac{\sigma_1 - \sigma_2}{2}$、$\dfrac{\sigma_1 - \sigma_3}{2}$ 和 $\dfrac{\sigma_2 - \sigma_3}{2}$。

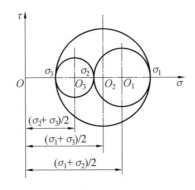

图 1.5 三向应力莫尔圆

每个圆分别表示某方向余弦为零的斜切面上的正应力和切应力的变化规律。例如,在以 σ_1 和 σ_2 构成的圆中,圆周上的点代表与 σ_3 垂直的斜切面(这些斜切面的法线与 σ_3 垂直,即 $n=0$)上的正应力和切应力。因此,3 个圆所围绕的面积内的点表示 l、m、n 都不等于零的斜切面上的正应力和切应力,故应力莫尔圆形象地表示出点的应力状态。

已知某点的一组应力分量或主应力,就可以利用应力莫尔圆通过图解法来确定该点任意方向上的应力。这在二维问题中,如在平面应力状态或平面应变状态下是比较简单的。

如果已知平面应力状态的 3 个应力分量 σ_x、σ_y、τ_{xy},就可以利用应力莫尔圆求任意斜面上的应力、主应力和主切应力等。

需要指出的是,在作应力莫尔圆时,切应力顺时针作用于单元体上时为正,反之为负。

设平面应力状态如图 1.6 所示,在 $\sigma - \tau$ 坐标系中标出点 $A(\sigma_x, \tau_{xy})$ 和点 $B(\sigma_y, \tau_{yx})$,连接 A、B 两点,以直线 AB 与 σ 轴的交点 C 为圆心、AC 为半径作圆,即得应力莫尔圆。圆心坐标为 $\left(\dfrac{\sigma_x + \sigma_y}{2}, 0\right)$,圆与 σ 轴的交点便是主应力 σ_1 和 σ_2。由图中的几何关系可以非常容易地得到主应力和主切应力的公式:

$$\left.\begin{array}{c}\sigma_1 \\ \sigma_2\end{array}\right\} = \frac{\sigma_x + \sigma_y}{2} \pm \sqrt{\left(\frac{\sigma_x - \sigma_y}{2}\right)^2 + \tau_{xy}^2}$$

$$\tau_{12} = \pm\sqrt{\left(\frac{\sigma_x - \sigma_y}{2}\right)^2 + \tau_{xy}^2}, \quad \tau_{23} = \pm\frac{\sigma_2}{2}, \quad \tau_{31} = \pm\frac{\sigma_1}{2}$$

反之,若已知 σ_1 和 σ_2,也可以写出求 σ_x、σ_y、τ_{xy} 的公式:

$$\begin{cases} \sigma_x = \dfrac{\sigma_1 + \sigma_2}{2} + \dfrac{\sigma_1 - \sigma_2}{2}\cos 2\alpha \\[2mm] \sigma_y = \dfrac{\sigma_1 + \sigma_2}{2} - \dfrac{\sigma_1 - \sigma_2}{2}\cos 2\alpha \\[2mm] \tau_{xy} = \dfrac{\sigma_1 - \sigma_2}{2}\sin 2\alpha \end{cases}$$

主应力 σ_1 的方向与 x 轴的夹角为 $\alpha = \dfrac{1}{2}\arctan\dfrac{-\tau_{xy}}{\sigma_x - \sigma_y}$。

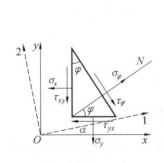

(a) 应力平面

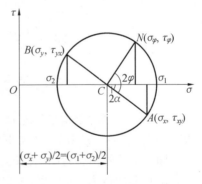

(b) 应力莫尔圆

图 1.6　平面应力状态莫尔圆

在与 x 轴成逆时针角 φ 的斜切面,即图 1.6(a) 中法线为 N 的平面上的应力 σ_φ 和 τ_φ,就是莫尔圆中将 CA 逆时针转 2φ 后所得的 N 点坐标。由图中的几何关系可以方便地得到 σ_φ 和 τ_φ 的计算公式。

思考题与习题

1. 名词解释:应力、全应力、正应力、切应力、主应力、最大切应力、主应力简图、八面体应力、等效应力、应力张量、应力张量不变量、平面应力状态、轴对称应力状态。

2. 塑性加工的外力有哪些类型?

3. 什么是点的应力状态? 表示点的应力状态有哪些方法? 应力的正负号是如何规定的?

4. 八面体应力和等效应力的表达式是什么? 有何特点和意义?

5. 什么是应力张量? 应力偏张量和应力球张量的物理意义是什么?

6. 画出锻造、轧制、挤压和拉拔的主应力简图,它们属于何种类型?

7. 用主应力简图来表示塑性变形的应力状态类型都有哪些?

8. 已知平面应力状态下与 x 轴成 $0°,45°,90°$ 角方向上的应力分别为 σ_a,σ_b 和 σ_c,试问该平面上的主应力 σ_1 和 σ_2 各为多少?

9. 在平面应力状态下,如果 σ_1 为恒定值,试问 σ 为多大时,等效应力最小,并求其值。

10. 判断平面应力状态下,下面两个应力张量是否表示同一个应力状态:

$$\boldsymbol{\sigma}_{ij1} = \begin{bmatrix} a & 0 \\ 0 & b \end{bmatrix}, \boldsymbol{\sigma}_{ij2} = \begin{bmatrix} \dfrac{a+b}{2} & \dfrac{a-b}{2} \\ \dfrac{a-b}{2} & \dfrac{a+b}{2} \end{bmatrix}$$

11. 已知 $\sigma_x = 400 \text{ MPa}, \sigma_y = 120 \text{ MPa}, \tau_{xy} = 20 \text{ MPa}$,做应力莫尔圆,并在图上标注 σ_1 和 σ。

12. 一圆形薄壁管的平均半径为 R,壁厚为 t,两端受拉应力 P 及扭矩 M 的作用,试求 3 个主应力 σ_1、σ_2 和 σ_3 的大小和方向。

13. 一圆形薄壁管两端封闭,管长为 L,平均半径为 R,壁厚为 t,两端受拉应力 P、扭矩 M 以及内压力 ρ 的作用,试求圆管柱面上一点 3 个主应力 σ_1、σ_2 和 σ_3 的大小和方向。

14. 已知一点的应力张量为 $\boldsymbol{\sigma}_{ij} = \begin{bmatrix} 50 & 50 & 80 \\ 50 & 0 & -75 \\ 80 & -75 & -30 \end{bmatrix}$ (MPa),试求外法线方向余弦为 $l = m = 1/2, n = 1/1.412$ 的斜切面上的全应力、正应力和切应力。

15. 已知一点的应力张量分别为 $\boldsymbol{\sigma}_{ij} = \begin{bmatrix} 50 & 20 & 30 \\ 20 & 60 & 10 \\ 30 & 10 & 40 \end{bmatrix}, \boldsymbol{\sigma}_{ij} = \begin{bmatrix} 0 & 17.2 & 0 \\ 17.2 & 0 & 0 \\ 0 & 0 & 10 \end{bmatrix}$,

$$\boldsymbol{\sigma}_{ij} = \begin{bmatrix} -7 & -4 & 0 \\ -4 & -1 & 0 \\ 0 & 0 & -4 \end{bmatrix} (\text{MPa})$$ ，画出该点的应力单元体；求出该点的应力张量不变量、主应力及主方向、主切应力、最大切应力、八面体应力、等效应力、应力偏张量及应力球张量；画出该点的应力莫尔圆，并将应力单元体的微分面（即 x、y、z 面）分别标注在应力莫尔圆上。

第 2 章

应变分析

本章针对变形体内某一点的应变状态进行了细致的分析,结果同应力状态分析相似,即在任意坐标系下,一点的应变状态必须由1个张量(即9个矢量)来表示。但总存在一个主应变坐标系,只需3个矢量(3个主应变)组成的1个张量来表示。一点的应变状态既可以用代数式表示,也可以用几何图形(应变莫尔圆)表示。根据应变的定义,可以建立一点位移与其应变的关系,即几何方程,进一步可以建立应变的连续方程。

材料受力的作用产生变形时,由于变形体内各点处变形程度并不相同,通常将材料承受应力时所产生的单位长度变形量定义为应变,用来描述材料一点处的变形程度。应变是无量纲的,并与应力有对应关系,与正应力对应的应变称为正应变或线应变,与切应力对应的应变称为切应变或角应变。应变会随着应力的增加而增大,具体的应力—应变关系只能通过材料的力学实验进行测定。

　　在载荷作用下,材料内部将同时产生应力与应变。应变不仅与点的位置有关,还与截面的方位有关,通过一点不同方向上的应变情况称为应变状态。应变状态理论研究指定点处的不同方向的应变之间的关系。本章主要对应变状态理论进行分析,为研究材料变形力学奠定基础。

2.1　应变状态

　　表示物体变形大小的物理量是应变。物体变形时,内部各质点都产生了位移。如果各质点之间的相对位置没有发生变化,则物体只做了刚性位移,外形并没有改变,物体内也不产生应力。只有当质点间相对位置发生了变化,即产生了相对位移时,才会引起物体变形。位移一经确定,则物体的应变也就被确定,因此应变分析主要是几何学问题。

　　设想从物体中取一正六面体单元,当其变形时,一般情况下,正六面体的棱边长度和夹角都将改变,两者统称为应变。

2.1.1　线应变和切应变

　　应变分为线应变和切应变。线应变表示变形体内线段长度相对变化率,切应变表示变形体内相交两线段夹角在变形前后的变化,如图 2.1 所示。

　　设有一线段 AC 发生了很小的线变形,变为 AC_1,线段的长度由 r 变成了 $r_1 = r + \delta r$,于是其单位长度的相对变化

$$\varepsilon = \frac{r_1 - r}{r} = \frac{\delta r}{r}$$

称为线段 AC 的线应变,也称为相对应变,而

$$e = \ln \frac{r_1}{r}$$

称为对数应变,或真应变。

　　相对应变的主要缺点是把基长看成固定的,所以并不能真实地反映变化的基长对应变的影响,因而造成变形过程的总应变不等于各个阶段的应变之和。如将 $50\ \text{cm}$ 长的杆拉长至总长为 $90\ \text{cm}$,总应变量为 80%,若将此变形过程视为

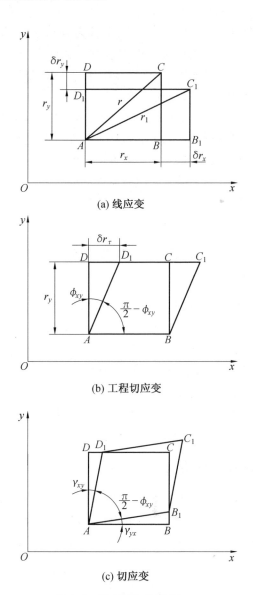

(a) 线应变

(b) 工程切应变

(c) 切应变

图 2.1　线应变和切应变

两个阶段,即由 50 cm 拉长到 80 cm,再由 80 cm 拉长至 90 cm,则相应的应变量分别为 60% 和 12.5%,其总应变量为 72.5%,与 80% 不相等。

真实应变之所以是真实的,是因为它是某瞬时尺寸的无限小增量与该瞬时尺寸比值的积分,即

$$e = \int_r^{r_1} \frac{\mathrm{d}r}{r} = \ln \frac{r_1}{r}$$

当然,此积分是在应变主轴方向基本不变的情况下进行的。

真实应变真实地反映了变形的积累过程。它具有可叠加性,所以又称为可叠加应变。仍以杆料拉长为例,将 50 cm 长的杆料拉长至 90 cm,总真实应变为 0.587 78,若将此变形过程视为两个阶段,即由 50 cm 拉长到 80 cm,再由 80 cm 拉长至 90 cm,则相应的真实应变量为 0.47 和 0.117 78,其和与总真实应变相等。又如,将试样拉长一倍,再压缩到原长,其真实应变的数值相同。拉长一倍时,真实应变为 $\ln 2$,再缩短一倍时,真实应变为 $-\ln 2$,负号表示应力方向相反。相对应变则不具有这种性质。

当应变量很小时,相对应变与真应变近似相等。

线段 AC 变形为 AC_1,其相对应变在 x 和 y 方向上的分量是 ε_x 和 ε_y,有

$$\varepsilon_x = \frac{\delta r_x}{r_x}, \varepsilon_y = \frac{\delta r_y}{r_y}$$

又设两条互相垂直的线段变形后直角减小了 ϕ_{xy},ϕ_{xy} 称为工程切应变,γ_{xy} 和 γ_{yx} 称为切应变,如图 2.1(b)、(c) 所示。

$$\frac{\delta r_x}{r_y} = \tan \phi_{xy} \approx \phi_{xy}, \ \gamma_{xy} = \gamma_{yx} = \frac{1}{2}\phi_{xy}$$

2.1.2　应变分量和应变张量

类似于对应力状态的分析,点的应变状态也要用 9 个应变分量或应变张量来描述,一般用 $\boldsymbol{\varepsilon}_{ij}$ 表示,即

$$\boldsymbol{\varepsilon}_{ij} = \begin{bmatrix} \varepsilon_x & \gamma_{xy} & \gamma_{xz} \\ \gamma_{yx} & \varepsilon_y & \gamma_{yz} \\ \gamma_{zx} & \gamma_{zy} & \varepsilon_z \end{bmatrix}$$

一般取

$$\gamma_{ij} = \gamma_{ji} = \frac{1}{2}\phi_{ij}$$

所以上述 9 个应变分量中只有 6 个是独立的。

点的应变张量与应力张量不仅在形式上相似,而且其性质和特性也相似。若已知 $\boldsymbol{\varepsilon}_{ij}$,可以求出该点任意方向上的线应变和切应变。

研究一点的应力状态时,可以找到 3 个互相垂直的没有剪应力作用的平面,这些面称为主平面。而这些平面的法线方向称为主方向。同样,研究应变问题时,也可以找到 3 个互相垂直的平面,在这些平面上没有剪应变,这样的平面称为主平面,而这些平面的法线方向称为主方向。对应于主方向的正应变则称为主应变,用 ε_1、ε_2、ε_3 表示。对于各向同性材料,可以认为应变主方向与应力主方向重合。主应变张量为

$$\boldsymbol{\varepsilon}_{ij} = \begin{bmatrix} \varepsilon_1 & 0 & 0 \\ 0 & \varepsilon_2 & 0 \\ 0 & 0 & \varepsilon_3 \end{bmatrix}$$

主应变可由主应变状态特征方程求得,即

$$\varepsilon^3 - I_1 \varepsilon^2 - I_2 \varepsilon - I_3 = 0$$

式中,I_1、I_2、I_3 为 3 个应变张量不变量,即

$$I_1 = \varepsilon_x + \varepsilon_y + \varepsilon_z = \varepsilon_1 + \varepsilon_2 + \varepsilon_3$$

$$I_2 = -[\varepsilon_x \varepsilon_y + \varepsilon_y \varepsilon_z + \varepsilon_z \varepsilon_x + (\gamma_{xy}^2 + \gamma_{yz}^2 + \gamma_{zx}^2)]$$

$$= -(\varepsilon_1 \varepsilon_2 + \varepsilon_2 \varepsilon_3 + \varepsilon_3 \varepsilon_1)$$

$$I_3 = \begin{vmatrix} \varepsilon_x & \gamma_{xy} & \gamma_{xz} \\ \gamma_{yx} & \varepsilon_y & \gamma_{yz} \\ \gamma_{zx} & \gamma_{zy} & \varepsilon_z \end{vmatrix} = \begin{vmatrix} \varepsilon_1 & 0 & 0 \\ 0 & \varepsilon_2 & 0 \\ 0 & 0 & \varepsilon_3 \end{vmatrix} = \varepsilon_1 \varepsilon_2 \varepsilon_3$$

2.1.3 应变莫尔圆和等效应变

应力状态可以用应力莫尔圆表示,应变状态也可以用应变莫尔圆表示。如果已知 3 个主应变 ε_1、ε_2、ε_3 的数值,且 $\varepsilon_1 > \varepsilon_2 > \varepsilon_3$,则可以在坐标 ε 和 γ 上画出应变莫尔圆。

塑性变形时,由于材料连续致密,体积变化很微小,与形状变化相比可以忽略,因此认为塑性变形时体积不变,故有 $I_1 = 0$,这是一条很重要的原则。

在与主应变方向成 45° 角方向上也存在主切应变,若 $\varepsilon_1 \geqslant \varepsilon_2 \geqslant \varepsilon_3$,则最大切应变为

$$\gamma_{\max} = \pm \frac{1}{2}(\varepsilon_1 - \varepsilon_3)$$

应变张量也可以分解为应变球张量和应变偏张量,即

$$\boldsymbol{\varepsilon}_{ij} = \begin{bmatrix} \varepsilon_x - \varepsilon_m & \gamma_{xy} & \gamma_{xz} \\ \gamma_{yx} & \varepsilon_y - \varepsilon_m & \gamma_{yz} \\ \gamma_{zx} & \gamma_{zy} & \varepsilon_z - \varepsilon_m \end{bmatrix} + \begin{bmatrix} \varepsilon_m & 0 & 0 \\ 0 & \varepsilon_m & 0 \\ 0 & 0 & \varepsilon_m \end{bmatrix}$$

式中,ε_m 为平均线应变,$\varepsilon_m = \frac{1}{3}(\varepsilon_x + \varepsilon_y + \varepsilon_z) = \frac{1}{3}I_1$。前者为应变偏张量,表示形状变化;后者为应变球张量,表示体积变化。塑性变形时体积不变,即 $\varepsilon_m = 0$,所以应变偏张量就是应变张量。

同样存在八面体应变和等效应变,其值为

$$\varepsilon_8 = \frac{1}{3}(\varepsilon_x + \varepsilon_y + \varepsilon_z) = \frac{1}{3}(\varepsilon_1 + \varepsilon_2 + \varepsilon_3) = \frac{1}{3}I_1 = \varepsilon_m$$

$$\bar{\varepsilon} = \sqrt{2}\gamma_8 = \frac{\sqrt{2}}{3}\sqrt{(\varepsilon_x - \varepsilon_y)^2 + (\varepsilon_y - \varepsilon_z)^2 + (\varepsilon_z - \varepsilon_x)^2 + 6(\gamma_{xy}^2 + \gamma_{yz}^2 + \gamma_{zx}^2)}$$

$$= \frac{\sqrt{2}}{3} \sqrt{(\varepsilon_1 - \varepsilon_2)^2 + (\varepsilon_2 - \varepsilon_3)^2 + (\varepsilon_3 - \varepsilon_1)^2}$$

2.2　应变几何方程

几何方程就是确定物体质点位移与其应变之间的数学关系。由于变形物体内的点产生了位移,因此引起了质点的应变。显然,质点的应变是由位移决定的。一旦物体的位移场确定后,其应变场也就被确定。

物体变形后,体内的点都产生了位移。设物体内任意点的位移矢量为 u,则它在 3 个坐标轴上的投影就称为该点的位移分量,分别用 $u = u(x, y, z)$、$v = v(x, y, z)$、$w = w(x, y, z)$ 表示。由于物体在变形后仍保持连续,因此位移分量应是坐标的连续函数,而且一般都有连续的二阶偏导数。

设变形物体内一点 A 的坐标为 (x, y, z),变形后移至 A_1 点,其 3 个位移分量 u、v、w 是 A 点的坐标函数。若在无限靠近 A 点有一点 C,其坐标为 $(x + \mathrm{d}x, y + \mathrm{d}y, z + \mathrm{d}z)$,变形后移至 C_1 点。由于 C 点的坐标相对于 A 点有坐标增量 $\mathrm{d}x$、$\mathrm{d}y$、$\mathrm{d}z$,因此 C_1 点的位移必然相对于 A_1 点有位移增量 $\delta u, \delta v, \delta w$,且 C_1 点的位移应是 C 点坐标的函数,故 C_1 点位移分量为

$$\begin{cases} u + \delta u = u(x + \mathrm{d}x, y + \mathrm{d}y, z + \mathrm{d}z) \\ v + \delta v = v(x + \mathrm{d}x, y + \mathrm{d}y, z + \mathrm{d}z) \\ w + \delta w = w(x + \mathrm{d}x, y + \mathrm{d}y, z + \mathrm{d}z) \end{cases}$$

将上式用泰勒公式展开并略去高次项,得 C_1 点相对于 A_1 点的位移增量为

$$\begin{cases} \delta u = \dfrac{\partial u}{\partial x}\mathrm{d}x + \dfrac{\partial u}{\partial y}\mathrm{d}y + \dfrac{\partial u}{\partial z}\mathrm{d}z \\[2mm] \delta v = \dfrac{\partial v}{\partial x}\mathrm{d}x + \dfrac{\partial v}{\partial y}\mathrm{d}y + \dfrac{\partial v}{\partial z}\mathrm{d}z \\[2mm] \delta w = \dfrac{\partial w}{\partial x}\mathrm{d}x + \dfrac{\partial w}{\partial y}\mathrm{d}y + \dfrac{\partial w}{\partial z}\mathrm{d}z \end{cases}$$

为了简明和清晰起见,现在只研究在 xOy 平面上的投影,此时只有 x、y 坐标的位移分量 u、v,以及单元体在 xOy 平面上的尺寸 $\mathrm{d}x$、$\mathrm{d}y$,如图 2.2 所示。

由于 $\mathrm{d}y = 0$,因此 B_1 点相对于 A_1 点的位移增量为

$$\delta u_b = \frac{\partial u}{\partial x}\mathrm{d}x, \quad \delta v_b = \frac{\partial v}{\partial x}\mathrm{d}x$$

同理

$$\delta u_d = \frac{\partial u}{\partial y}\mathrm{d}y, \quad \delta v_d = \frac{\partial v}{\partial y}\mathrm{d}y$$

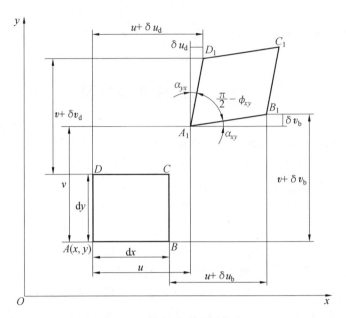

图 2.2 位移分量与应变分量的关系

于是，AB（即 dx）在 x 方向上的线应变为

$$\varepsilon_x = \frac{u + \delta u_b - u}{dx} = \frac{\delta u_b}{dx} = \frac{\partial u}{\partial x}$$

同理，AD（即 dy）在 y 方向上的线应变为

$$\varepsilon_y = \frac{v + \delta v_d - v}{dy} = \frac{\delta v_d}{dy} = \frac{\partial v}{\partial y}$$

由几何关系得

$$\alpha_{xy} \approx \tan \alpha_{xy} = \frac{\delta v_b}{dx + u + \delta u_b - u} = \frac{\frac{\partial v}{\partial x} dx}{dx + \frac{\partial u}{\partial x} dx} = \frac{\frac{\partial v}{\partial x}}{1 + \frac{\partial u}{\partial x}}$$

因为 $\varepsilon_x = \dfrac{\partial u}{\partial x}$，其值远小于 1，所以

$$\alpha_{xy} = \frac{\partial v}{\partial x}$$

同理

$$\alpha_{yx} = \frac{\partial u}{\partial y}$$

因而有

$$\gamma_{xy} = \gamma_{yx} = \frac{1}{2} \phi_{xy} = \frac{1}{2} (\alpha_{xy} + \alpha_{yx}) = \frac{1}{2} \left(\frac{\partial u}{\partial y} + \frac{\partial v}{\partial x} \right)$$

按同样方法,由 yOz 和 zOx 平面上投影的几何关系可得其余应变分量的公式,综合上述可得

$$\varepsilon_x = \frac{\partial u}{\partial x}, \gamma_{yz} = \gamma_{zy} = \frac{1}{2}\left(\frac{\partial v}{\partial z} + \frac{\partial w}{\partial y}\right)$$

$$\varepsilon_y = \frac{\partial v}{\partial y}, \gamma_{zx} = \gamma_{xz} = \frac{1}{2}\left(\frac{\partial w}{\partial x} + \frac{\partial u}{\partial z}\right)$$

$$\varepsilon_z = \frac{\partial w}{\partial z}, \gamma_{xy} = \gamma_{yx} = \frac{1}{2}\left(\frac{\partial u}{\partial y} + \frac{\partial v}{\partial x}\right)$$

这就是小变形时位移分量和应变分量的关系,也称为小变形几何方程。如果变形物体的位移场能够被确定,那么可由几何方程确定其应变场。

当采用柱坐标时,其几何方程为

$$\varepsilon_\rho = \frac{\partial u}{\partial \rho}, \gamma_{\theta z} = \gamma_{z\theta} = \frac{1}{2}\left(\frac{\partial v}{\partial z} + \frac{1}{\rho}\frac{\partial w}{\partial \theta}\right)$$

$$\varepsilon_\theta = \frac{1}{\rho}\left(\frac{\partial v}{\partial \theta} + u\right), \gamma_{z\rho} = \gamma_{\rho z} = \frac{1}{2}\left(\frac{\partial w}{\partial \rho} + \frac{\partial u}{\partial z}\right)$$

$$\varepsilon_z = \frac{\partial w}{\partial z}, \gamma_{\rho\theta} = \gamma_{\theta\rho} = \frac{1}{2}\left(\frac{1}{\rho}\frac{\partial u}{\partial \theta} + \frac{\partial v}{\partial \rho} - \frac{v}{\rho}\right)$$

2.3　应变连续方程

由几何方程可知,6 个应变分量取决于 3 个位移分量,所以 6 个应变分量不能是任意的,它们之间必然存在一定的关系,这种关系就称为应变连续方程或应变协调方程。对几何方程求偏导可得

$$\begin{cases} \frac{1}{2}\left(\frac{\partial^2 \varepsilon_x}{\partial y^2} + \frac{\partial^2 \varepsilon_y}{\partial x^2}\right) = \frac{\partial^2 \gamma_{xy}}{\partial x \partial y} \\ \frac{1}{2}\left(\frac{\partial^2 \varepsilon_y}{\partial z^2} + \frac{\partial^2 \varepsilon_z}{\partial y^2}\right) = \frac{\partial^2 \gamma_{yz}}{\partial y \partial z} \\ \frac{1}{2}\left(\frac{\partial^2 \varepsilon_z}{\partial x^2} + \frac{\partial^2 \varepsilon_x}{\partial z^2}\right) = \frac{\partial^2 \gamma_{zx}}{\partial z \partial x} \end{cases} \quad 或 \quad \begin{cases} \frac{\partial}{\partial z}\left(\frac{\partial \gamma_{yz}}{\partial x} + \frac{\partial \gamma_{zx}}{\partial y} - \frac{\partial \gamma_{xy}}{\partial z}\right) = \frac{\partial^2 \varepsilon_z}{\partial x \partial y} \\ \frac{\partial}{\partial y}\left(\frac{\partial \gamma_{xy}}{\partial z} + \frac{\partial \gamma_{yz}}{\partial x} - \frac{\partial \gamma_{zx}}{\partial y}\right) = \frac{\partial^2 \varepsilon_y}{\partial z \partial x} \\ \frac{\partial}{\partial x}\left(\frac{\partial \gamma_{zx}}{\partial y} + \frac{\partial \gamma_{xy}}{\partial z} - \frac{\partial \gamma_{yz}}{\partial x}\right) = \frac{\partial^2 \varepsilon_x}{\partial y \partial z} \end{cases}$$

应变连续方程的意义在于,只有当应变分量之间的关系满足上述应变连续方程时,物体变形后才是连续的;否则,变形后会出现"撕裂"或"重叠"现象,破坏变形物体的连续性。

确定变形物体的位移场函数后,将其对时间求导,可得变形物体的速度场,再将速度分量代替位移分量代入几何方程中,可得变形物体的应变速率分量,也可以由位移场通过几何方程求得应变场,再将应变场函数对时间求导,求得应变速率分量。一点的应变速率也是一个二阶对称张量,称为应变速率张量。应变

速率表示变形程度变化的快慢,不要与工具或模具的移动速度相混淆。

$$\dot{\boldsymbol{\varepsilon}}_{ij} = \begin{bmatrix} \dot{\varepsilon}_x & \dot{\gamma}_{xy} & \dot{\gamma}_{xz} \\ \dot{\gamma}_{yx} & \dot{\varepsilon}_y & \dot{\gamma}_{yz} \\ \dot{\gamma}_{zx} & \dot{\gamma}_{zy} & \dot{\varepsilon}_z \end{bmatrix}$$

思考题与习题

1.名词解释:位移、位移分量、相对应变、对数应变、主应变、主切应变、最大切应变、主应变简图、八面体应变、等效应变、应变张量、应变张量不变量、应变速率、应变增量。

2.金属塑性变形有哪些特点? 如何表示一点的应变状态?

3.应变偏张量和应变球张量的物理意义是什么? 塑性变形时应变张量和应变偏张量有何关系? 原因何在?

4.等效应变有何特点? 表达式如何?

5.小变形时,变形分量与位移分量有何种关系? 应变连续方程有何意义?

6.简述塑性变形体积不变条件的力学意义。

7.用主应变简图来表示塑性变形的类型有哪些?

8.已知平面应变状态下,变形体某点的位移函数为 $U_x = 1/4 + 3x/200 + y/40$,$U_y = 1/5 + x/25 - y/200$,试求该点的应变分量 ε_x、ε_y、γ_{xy} 以及主应变 ε_1 和 ε_2 的大小和方向。

9.已知平面应变状态下,与 x 轴成 $0°$、$60°$、$120°$ 角方向上的应变分别为 ε_a、ε_b 和 ε_c,试求该点的应变分量 ε_x、ε_y、γ_{xy} 以及主应变 ε_1 和 ε_2 的大小和方向。

10.三道次带钢轧制生产时,若宽度保持不变,压下率分别为 20%、25%、20%,最后带钢规格为 $1.92\ \text{mm} \times 500\ \text{mm} \times 1\ 000\ 000\ \text{mm}$。试求总压下量以及每道次前后带钢的尺寸。

11.比较一下镦粗、轧制、挤压和拉深时,金属在变形区内的应力和变形规律。

12.平面变形和轴对称变形时的应力状态和应变状态是怎样的?

第 3 章

应力－应变关系

本章详细地讨论了材料的应力－应变关系。首先着重指出这一关系只能由单向拉伸或压缩实验来获得，在此基础上，给出了对这一关系的二维、三维和四维表示方法。之后，借助泊松比的定义和增量理论的假设，将一维的应力－应变关系转变为三维的弹性和塑性的应力－应变关系。同时进一步指出对材料应力－应变关系的数学拟合并不完全准确，而且也不必要。数学拟合并不能揭示这一关系的本质，反倒有误导误用的可能。最后，更深一步的说明是屈服准则在塑性力学范围内并不必要，它只在材料力学和弹性力学范围内起强度理论的作用，仅此而已。

前面讨论了应力分析和应变分析。一般来说,由应力分析和应变分析所导出的方程适用于任何连续介质力学问题。但是,仅从几何方程和平衡方程并不足以确定物体的应变和应力,因为它们并不能区分物质的不同类型。为了解决实际问题,还必须建立另外的一组关系,这就是应力与应变之间的关系,通常称为本构关系或本构方程或物理方程。

材料的应力-应变关系是一种客观存在,必须通过实验得以认知。物理方程就是建立在实验测试基础上的。当然,对物理现象进行准确的数学描述一般都十分复杂甚至不可行。这里物理方程是对一般真实行为模式的一种近似。

要寻求一个对任意连续介质都适用的或对某一连续介质材料在任何工况下全适用的本构关系一般是不可能的。这是由问题本身的复杂性所决定的。事实上,连续介质力学的分科正是以各学科所采用的本构关系不同来区分的。流体力学、非牛顿流体力学、弹性力学、塑性力学、土力学、黏弹性力学等都分别采用不同的本构关系。

3.1   应力-应变曲线

本节将讨论单向应力状态下的应力-应变关系。

材料在外力作用下,要产生变形,从变形开始到破坏一般要经历两个阶段,即弹性变形阶段和塑性变形阶段。根据材料特性的不同,有的弹性阶段较明显,而塑性阶段不明显,像一般的脆性材料那样,往往弹性阶段后紧跟着就破坏,有的则弹性阶段不明显,塑性变形比较明显。不过大部分金属材料都呈现出明显的弹性变形阶段和塑性变形阶段。

金属材料的上述弹性与塑性性质可用简单拉伸实验来说明。图 3.1 所示为熟知的低碳钢试件简单拉伸实验的应力-应变曲线。其中 A 点所对应的应力 σ_A 称为比例极限,A 点以下 OA 段为直线。B 点所对应的应力 σ_0 为弹性极限,标志着弹性变形阶段终止及塑性变形阶段开始,亦称为屈服极限,σ_0 称为屈服应力。当应力超过 σ_A 时,应力-应变关系不再是直线关系,但仍属于弹性阶段。BC 段称为塑性平台。在 BC 段上,在应力不变的情况下可继续发生变形,通常称为塑性流动。当应力达到 σ_D 时,如卸载,则应力-应变关系自 D 点沿 DE 到达 E 点,OE 为塑性应变部分,EF 为弹性应变部分。也就是说,总应变等于弹性部分应变和塑性部分应变之和。

若在 D 点卸载后重新加载,则在 $\sigma < \sigma_D$ 时,材料呈弹性性质,当 $\sigma > \sigma_D$ 时才重新进入塑性阶段,这就相当于提高了材料的屈服应力。材料在产生塑性变形以后,相应地增加了材料内部对变形的抵抗能力或流动应力,这种性质称为形变强化。

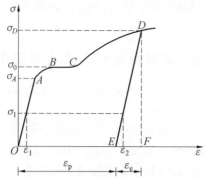

图 3.1 低碳钢试件简单拉伸实验应力－应变曲线

应当指出的是,图 3.1 所示的曲线是低碳钢拉伸时的应力－应变曲线,对绝大多数金属与合金拉伸时并不出现屈服平台,如图 3.2 所示,此时人为地规定产生残余应变为 0.2% 的应力 $\sigma_{0.2}$ 为屈服点,应力超过此数值则为塑性区应力,小于此数值时为弹性区应力。

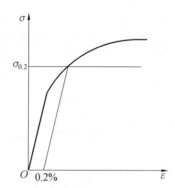

图 3.2 绝大多数金属与合金拉伸应力－应变曲线

弹性变形是可逆的,物体在变形过程中所储存起来的能量在卸载过程中将全部释放出来,物体的变形可完全恢复到原始状态。线性弹性力学只讨论应力－应变关系服从 OA 直线段变化规律的问题。塑性力学则讨论材料在屈服后破坏前的弹塑性阶段的力学问题。

固体材料的微观结构是多样和复杂的。由于研究工程结构的力学性态时还要考虑固体材料的这些特征,因此将带来极大困难。为了把所研究的问题限制在一个简便可行的范围内,必须引进下列假定:

(1)假定固体材料是连续介质。也就是说,这种介质无空隙地分布于物体所占的整个空间。这一假定显然与介质是由不连续的粒子所组成的观点相矛盾。但采用连续性假定,不仅是为了避免数学上的困难,更重要的是根据这一假定所做出的力学分析已被广泛的实验与工程实践证实是正确的。根据连续性假定,用以表征物体变形和内力分布的量就可以用坐标的连续函数来表示。

(2)物体为均匀的、各向同性的。即认为物体内各点介质的力学特性相同,且各点的各方向性质也相同,也就是说,表征这些特性的物理参数在整个物体内是不变的。

3.1.1　应力－应变曲线测定及二维、三维描述

下面以 AZ31 镁合金为例,说明其应力－应变曲线的测定、记录和描述是如何进行的。

实验机为 Gleeble1500,通过压缩实验,测得了不同应变速率、不同温度下的应力－应变曲线。测试的试样尺寸是直径 8 mm、高 12 mm;试样的组织状态分别是退火态和挤压变形态;测试温度分别是 20 ℃、100 ℃、200 ℃、300 ℃、400 ℃;应变速率分别为 0.01 s^{-1}、0.1 s^{-1}、1 s^{-1}、10 s^{-1}。

实验得到的曲线是载荷与位移之间的关系曲线,经过数学计算并选取部分数据,得到表示应力与真应变的曲线关系图,如图 3.3 所示。此图涵盖温度为 20～30 ℃,应变速率为 0.01～10 s^{-1},应变为 0～0.6 的 AZ31 镁合金应力－应变关系。

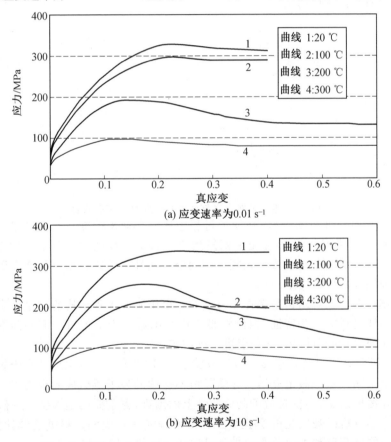

图 3.3　挤压态 AZ31 镁合金不同应变速率下的应力－应变曲线

利用 Matlab 软件可以很容易地得到二维的曲线描述和三维的曲面描述,具体步骤如下:

(1)建立一个体积数据数组 ESxyz(:,:,:),其中"行"X 代表应变;"列"Y 代表应变速率;"页"Z 代表温度;体积数据 ESxyz 代表应力值。具体程序见附录1。

(2)固定一个温度 Z,在平面内执行命令 plot(ESxyz(:,:,Z)),可以画出一组(Y 根)曲线,每根曲线表示某一应变速率 Y 下,应力 ESxyz 与应变 X 之间的关系;同样,数组转置后,plot(ESxyz(:,:,Z)′)可以画出另外一组(X 根)曲线,每根曲线表示某一应变 X 下,应力 ESxyz 与应变速率 Y 之间的关系。

再利用 permute 和 shiftdim 命令,将数组 ESxyz(X,Y,Z)的"行""列"和"页"相互交换,生成另两个体积数据数组 ESxzy(X,Z,Y)和 ESzyx(Z,Y,X),然后按照前面的方法,生成其他 4 组曲线。这 6 组平面曲线基本描述清楚了材料的应力－应变关系,它们就是材料应力－应变关系的二维描述。

同样,这些二维描述也可以应用 Excel 软件比较容易地完成。

图 3.4～3.6 是用 Excel 软件完成的应力－应变关系的二维表现形式,曲线比较简单和直观,易于理解。

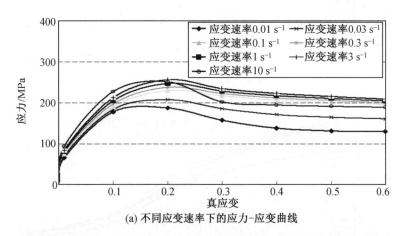

(a) 不同应变速率下的应力-应变曲线

图 3.4　挤压态 AZ31 镁合金在 200 ℃时的应力－应变(应变速率)曲线

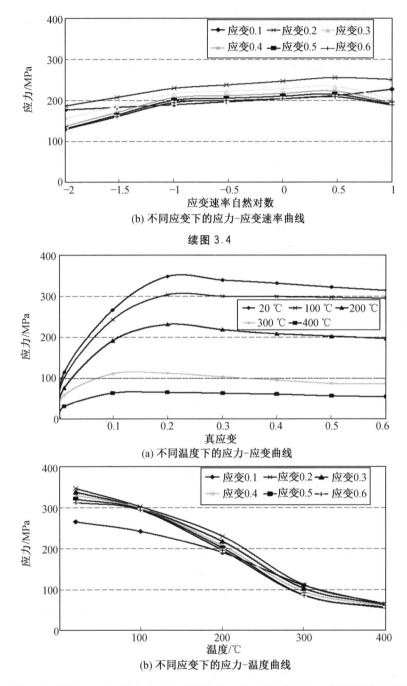

(b) 不同应变下的应力-应变速率曲线

续图 3.4

(a) 不同温度下的应力-应变曲线

(b) 不同应变下的应力-温度曲线

图 3.5 挤压态 AZ31 镁合金在应变速率为 0.1 s⁻¹ 时的应力－应变(温度)曲线

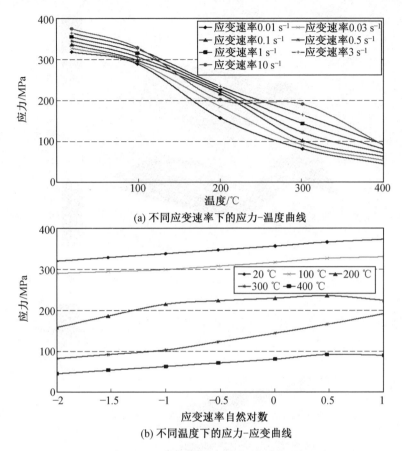

(a) 不同应变速率下的应力-温度曲线

(b) 不同温度下的应力-应变曲线

图 3.6 挤压态 AZ31 镁合金在应变为 0.3 时的应力－温度(应变速率自然对数)曲线

　　考虑到二维图形中的一条曲线只能描述应力与一个变量,或应变或温度或应变速率的对应关系,若用一组曲线还可以考虑到另外一个因素的影响。若用二维空间全面地描述材料的应力－应变关系,就需要用 6 个二维图形,或是 6 组二维曲线来表示。若用三维空间来全面地描述应力－应变关系,就只需要 3 个三维图形,如图 3.7~3.9 所示。

　　具体步骤仍然很简单:固定一个温度 Z,执行命令 surf(ESxyz(:,:,Z)),得到一个曲面,这是一个应力与应变和应变速率之间的三维曲面。每对应一组不同的温度就有一组曲面,这些曲面包围的三维空间就代表了材料的应力－应变关系。同样,执行命令 surf(ESxzy(:,:,Y))和 surf(ESyzx(:,:,X)),可得到另外两个三维空间。具体程序见附录 1 和附录 2。

　　图 3.7 所示是不同温度时,挤压态 AZ31 镁合金的一组应力－应变－应变速率三维曲面;图 3.8 所示是不同应变时挤压态 AZ31 镁合金应力－应变速率－温度三维曲面;图 3.9 所示是不同应变速率时挤压态 AZ31 镁合金应力－应变－温

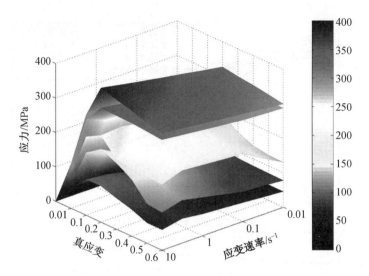

图 3.7　不同温度时挤压态 AZ31 镁合金应力－应变－应变速率三维曲面(见彩图)

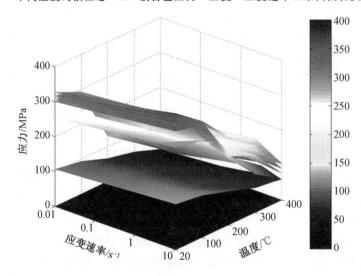

图 3.8　不同应变时挤压态 AZ31 镁合金应力－应变速率－温度三维曲面(见彩图)

度三维曲面。由此可以分析出各种因素对应力的影响规律。若用某一等值平面
与这些曲面相交割,相交处得到一组平面曲线,它们实质上就是前面提到的二维
空间中的 6 组曲线。可见,三维图形包含了全部二维的信息,比二维空间的信息
量更大。

　　3 个三维空间的每个都是由 4 个平面、2 个曲面所封闭的。它们涵盖了上面
的 6 个二维空间。其实每组三维曲面都直接包含了上述 6 组平面曲线中的 4 组。
这 3 组三维曲面就是材料应力－应变关系的三维描述。由此可见,材料的应力－

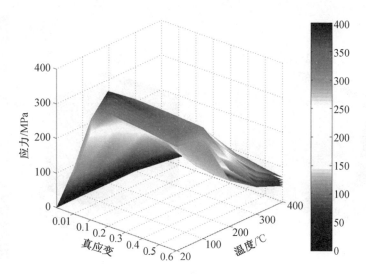

图 3.9 不同应变速率时挤压态 AZ31 镁合金应力－应变－温度三维曲面(见彩图)

应变关系可以有 3 种不同的不规则的三维表现形式,但它们是互相等价的。

3.1.2 应力－应变关系的四维描述

按照前面的思路可以进一步考虑应用四维的空间来描述材料的应力－应变关系,即将应变、应变速率、温度组成一个三维的空间,在此空间中用颜色来描述应力值,从而构成一个四维的应力－应变关系模型。

四维模型的描述仍然采用 Matlab 软件来实现。在建立了一个体积数据数组 ESxyz(:,:,:,:)之后,执行命令 Slice(ESxyz, Sx, Sy, Sz),就得到一个四维的应力－应变关系模型,如图 3.10 所示。具体程序见附录 1 和附录 3。

这一模型像是一块彩色的方砖,同上述的三维空间一样,包含了一种材料的应力－应变关系的全部信息,而且它的形状非常规则,可称为材料的应力－应变彩砖模型。利用 Matlab 软件,可以对这一模型进行各种各样的描述、分析和说明,从中得到任意的等值线、等值面以及各种平面、曲面与之相交的结果等,从而为材料性能的研究提供强有力的工具。

实际上,四维模型算是三维模型的一个变种,反之亦然,两者所含的信息量是一样的。在上述的三维模型描述中,应力值的大小既用坐标的高度值表示,又用颜色表示,表示方法重复了。如果只用颜色表示应力值的大小,而用坐标的高度值表示另外一个变量,那就是这个四维的模型。可以这样想象:将三维模型中的一组曲面沿应力坐标方向投影到某一平面,得到一组平面,颜色不变。将应力坐标改为某一变量坐标,再将这组平面沿着某一变量坐标展开,就得到了四维的模型。或者说,将由 4 个平面、2 个曲面构成的三维空间中的曲面全部展平,从而

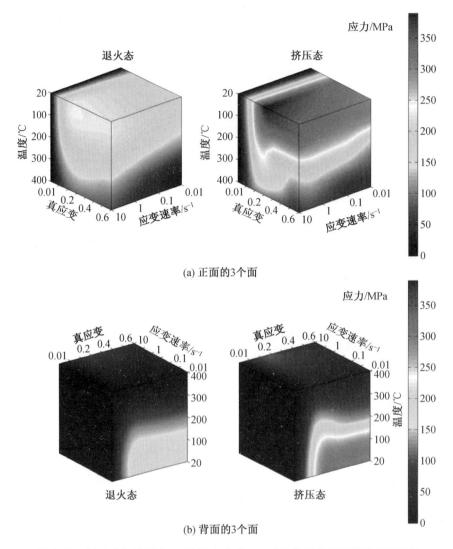

(a) 正面的3个面

(b) 背面的3个面

图3.10 退火态和挤压态 AZ31 镁合金应力－应变关系的四维描述(见彩图)

得到由 6 个平面构成的四维空间。

对于任意材料的应力－应变关系,它是含有 4 个变量的三元函数。应用 Ex-cel 和 Matlab 等软件,可以对它进行全方位的二维、三维和四维的描述和分析。进行二维分析时,需要 6 个平面上的 6 组曲线来全面完整地表示出材料的应力－应变关系;而进行三维分析时,只需要 3 个三维的空间即可。这 3 个三维空间的形式不同,也不规则,但都包含同样的信息量,是等价的。但用四维模型分析时,借助颜色来表示应力值,就可以把这 3 个不规则的三维空间统一到一个规则的四维模型中。可以说四维模型是三维模型的变种,也可以说 3 个不规则的三维模型是一个规则的四维模型的 3 个不同变种，它们是等价的，只是表现形式不同而已。

　　采用以上的方法，针对钨粉烧结态棒材（致密度大于 92%）和烧结后锻造态棒材（致密度大于 99%）进行压缩实验，然后根据实测数据整理出应力－应变关系，如图 3.11 所示。这个立体数据数组的应用范围是：温度 1 000～1 400 ℃，应变速率 0.01～10 s^{-1}。

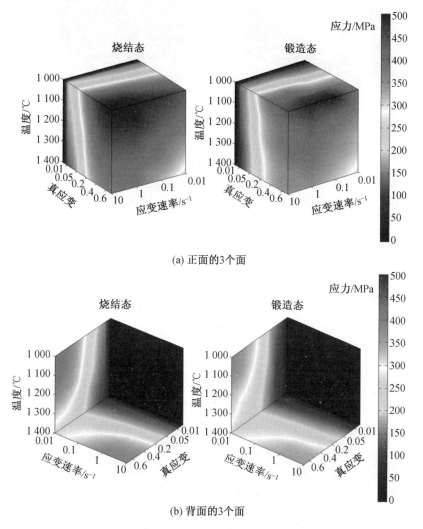

图 3.11　钨粉棒材烧结态和锻造态的应力－应变关系四维描述（见彩图）

　　同样，针对钨铜 40 粉末烧结后挤压态棒材（致密度大于 99%）进行压缩实验，并根据实测数据整理出应力－应变关系，如图 3.12 所示。这个立体数据数组的应用范围是：温度 800～1 100 ℃，应变速率 0.01～10 s^{-1}。

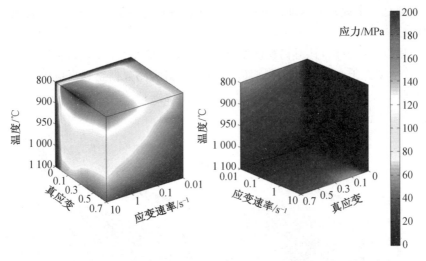

图 3.12　钨铜 40 粉末烧结后挤压态的应力－应变关系四维描述（见彩图）

3.1.3　应力－应变曲线数学拟合方法的评判

以上介绍了如何记录和描述材料应力－应变关系的立体数据数组方法,也称立体矩阵方法,或离散数值描述方法,当然还可以用四维模型或彩砖模型来表示。这和传统的用数学公式来描述的方法不同。

传统的描述材料应力－应变关系的公式有很多,在单向受力条件下,比较常见的表达式为

$$\sigma = K\varepsilon^{n}\dot{\varepsilon}^{m}e^{-\frac{Q}{RT}}$$

式中　　σ——真实应力;

K——材料常数;

n——材料硬化系数;

m——应变速率敏感系数;

Q——激活能;

R——气体普适常数;

T——温度。

用这样的公式来近似表达材料的应力－应变关系,在一定条件下是可以的。但在怎样的条件下,这种表达的误差较小,而又在怎样的条件下,这种表达的误差很大,一般资料中并没有给出比较准确的说明。另外,固体材料的应力－应变关系用到了气体普适常数,也是一个没有被说明的问题。

一般情况下,这样的数学表达式要有 3～5 个未知数,而且针对不同材料、不同状态,这些未知数是不一样的。为了拟合得到这样的数学表达式,有几个未知

数就要有几个实验测试曲线。

实际上,材料的应力－应变关系主要受温度和应变速率的影响,如果考虑 5 种温度和 4 种应变速率,那么将得到 20 条实测曲线。如何用这 20 条曲线去拟合一个有 5 个未知数的数学表达式?无论选择哪些曲线去做拟合,即使得到了这样的表达式,也是有系统误差的,既与被选择了的曲线有误差,还与未被选择了的曲线有误差,而且这个误差不一定小。正因为如此,即使有了这样的表达式,还要给出其适用范围,但在一般情况下,这个适用范围并没有被给出,所以很容易造成误解和误用。

此外,实验测试曲线越多,给拟合工作带来的麻烦和工作量就越大,而误差和精度不一定越小。要想得到误差小、精度高的表达式,可能需要更复杂的数学关系式。

针对不同的材料,若用公式来表达材料的应力－应变关系,就要选择不同的表达式。从现有的资料中了解到,这样的表达式有很多种,但其中很多是不常用的。实际上,很难用一个通式来表达多种多样的复杂的材料应力－应变关系。

与此相比,前面介绍的离散数值的立体数据数组和线性插值相结合的方法,倒是具有误差小、精度高、方法简单等特点,尤其是实验测试曲线越多,工作量增加不大,而精度会更高,且其模型给出后,也给出了适用范围。这种方法适用于任何材料,显然通用性极强。

应用数学公式表达材料的应力－应变关系有一定的误差,从工程角度看,虽然这个误差影响并不大,是可以接受的,但是从学术角度看,如果有更准确的方法,还是应该追求这个准确的方法,这也是学术研究中一个不言而喻的基本规范。

针对复杂的材料应力－应变关系,试图用尽可能少的实验数据拟合一个简单的数学表达式去描述,以为这样做就是对材料应力－应变关系好的应用,就能够揭示材料应力－应变关系的本质,多少具有唯心主义色彩。现在的计算机有了处理和使用离散数据的能力,再这样做就是不合时宜。与此相反,离散数值的立体数据数组和线性插值相结合的方法是以实测数据为依据的。实测数据越多,数组的精度越高,就越真实地反映了复杂的材料应力－应变关系。

3.2　应力－应变关系的物理方程

3.1 节讨论了材料在单向应力状态下的应力－应变关系,本节将讨论材料在复杂应力状态下的应力－应变关系,即如何确定材料的物理方程。物理方程与材料特性有关,它描述材料抵抗变形的能力,是物理现象的数学描述,它描述的是同一点的应力状态与其相应的应变状态之间的关系。

当材料变形处于弹性阶段时,其应力－应变关系即是弹性物理方程,可以近似简化为线性关系,用广义胡克定律来表达。当材料变形处于塑性阶段时,其应力－应变关系即是塑性物理方程,相对弹性阶段而言复杂一些,可由增量理论或全量理论来描述。

3.2.1 弹性物理方程

在三向应力状态下,弹性状态的应力－应变关系可以用广义胡克定律表示为

$$\varepsilon_x = \frac{1}{E}\left[\sigma_x - \mu(\sigma_y + \sigma_z)\right], \gamma_{yz} = \gamma_{zy} = \frac{\tau_{yz}}{2G}$$

$$\varepsilon_y = \frac{1}{E}\left[\sigma_y - \mu(\sigma_z + \sigma_x)\right], \gamma_{zx} = \gamma_{xz} = \frac{\tau_{zx}}{2G}$$

$$\varepsilon_z = \frac{1}{E}\left[\sigma_z - \mu(\sigma_x + \sigma_y)\right], \gamma_{xy} = \gamma_{yx} = \frac{\tau_{xy}}{2G}$$

或

$$\frac{\varepsilon_x - \varepsilon_m}{\sigma_x - \sigma_m} = \frac{\varepsilon_y - \varepsilon_m}{\sigma_y - \sigma_m} = \frac{\varepsilon_z - \varepsilon_m}{\sigma_z - \sigma_m} = \frac{\gamma_{xy}}{\tau_{xy}} = \frac{\gamma_{yz}}{\tau_{yz}} = \frac{\gamma_{zx}}{\tau_{zx}} = \frac{1}{2G}$$

式中　ε_m——平均应变;

　　　σ_m——平均应力;

　　　E——弹性模量;

　　　μ——泊松比;

　　　G——切变模量。

其中,G、E、μ 这 3 个常数之间有以下关系:

$$G = \frac{E}{2(1+\mu)}$$

弹性应力－应变关系具有如下特点:

(1)应力与应变为线性关系。

(2)弹性变形是可逆的,加载与卸载的规律完全相同。

(3)弹性变形时应力球张量使物体产生体积变化,泊松比 $\mu < 0.5$。

(4)应力主轴与应变主轴重合。

3.2.2 塑性物理方程

对塑性状态的应力－应变关系目前尚难进行精确的描述和计算,但这一关系在塑性变形问题中又是绝对重要的。

塑性变形时,单向受力条件下的应力－应变关系可用单向拉伸或压缩实验

测试曲线表示,但在两向以上应力作用时的复杂应力状态下,应力与应变的关系是相当复杂的。一些学者曾提出了一些描述塑性状态下应力－应变关系的理论,其中常用的有增量理论和全量理论。

1. 增量理论

增量理论是材料处于塑性状态时,处理应力与应变增量之间关系的一种方法。塑性变形时,应变增量正比于应力偏量,即

$$\frac{\mathrm{d}\epsilon_x}{\sigma_x - \sigma_\mathrm{m}} = \frac{\mathrm{d}\epsilon_y}{\sigma_y - \sigma_\mathrm{m}} = \frac{\mathrm{d}\epsilon_z}{\sigma_z - \sigma_\mathrm{m}} = \frac{\mathrm{d}\gamma_{xy}}{\tau_{xy}} = \frac{\mathrm{d}\gamma_{yz}}{\tau_{yz}} = \frac{\mathrm{d}\gamma_{zx}}{\tau_{zx}} = \mathrm{d}\lambda$$

或

$$\frac{\mathrm{d}\epsilon_1}{\sigma_1 - \sigma_\mathrm{m}} = \frac{\mathrm{d}\epsilon_2}{\sigma_2 - \sigma_\mathrm{m}} = \frac{\mathrm{d}\epsilon_3}{\sigma_3 - \sigma_\mathrm{m}} = \mathrm{d}\lambda$$

还可以将其写成广义表达式:

$$\mathrm{d}\epsilon_x = \frac{2}{3}\mathrm{d}\lambda\left[\sigma_x - \frac{1}{2}(\sigma_y + \sigma_z)\right], \mathrm{d}\gamma_{yz} = \mathrm{d}\gamma_{zy} = \mathrm{d}\lambda\,\tau_{yz}$$

$$\mathrm{d}\epsilon_y = \frac{2}{3}\mathrm{d}\lambda\left[\sigma_y - \frac{1}{2}(\sigma_z + \sigma_x)\right], \mathrm{d}\gamma_{zx} = \mathrm{d}\gamma_{xz} = \mathrm{d}\lambda\,\tau_{zx}$$

$$\mathrm{d}\epsilon_z = \frac{2}{3}\mathrm{d}\lambda\left[\sigma_z - \frac{1}{2}(\sigma_x + \sigma_y)\right], \mathrm{d}\gamma_{xy} = \mathrm{d}\gamma_{yx} = \mathrm{d}\lambda\,\tau_{xy}$$

式中　　$\mathrm{d}\lambda$——瞬时的比例系数,它在变形过程中是变化的,其值可按下式确定:

$$\mathrm{d}\lambda = \frac{3}{2}\frac{\mathrm{d}\bar{\epsilon}}{\bar{\sigma}}$$

式中　　$\bar{\sigma}$——等效应力;

$\mathrm{d}\bar{\epsilon}$——等效应变增量。

这里的等效应力和等效应变增量与单向应力状态下的等效应力和等效应变增量是等价的,这样复杂应力状态下的本构关系就可以由单向应力状态下的本构关系来确定。

2. 全量理论

全量理论是建立塑性变形的全量应变与应力之间的关系。对于小弹塑性变形,可以认为应力主轴与全量应变的主轴重合。而塑性变形时,只有满足简单的加载条件,其应力主轴才与应变的主轴重合。简单加载是指在加载过程的任意一点的各应力分量都按同一比例增加,也称比例加载。由于应力分量按同一比例增加,应力主轴的方向将固定不变,而应变增量主轴和应力主轴重合,因此它的应力主轴也保持不变,在这种情况下,对应变增量进行积分即可得到全量应变。

在不考虑弹性变形的情况下,全量理论认为全量应变与相应的应力偏量分量成正比,即

$$\frac{\varepsilon_x}{\sigma_x - \sigma_m} = \frac{\varepsilon_y}{\sigma_y - \sigma_m} = \frac{\varepsilon_z}{\sigma_z - \sigma_m} = \frac{\gamma_{xy}}{\tau_{xy}} = \frac{\gamma_{yz}}{\tau_{yz}} = \frac{\gamma_{zx}}{\tau_{zx}} = \lambda$$

或

$$\frac{\varepsilon_1}{\sigma_1 - \sigma_m} = \frac{\varepsilon_2}{\sigma_2 - \sigma_m} = \frac{\varepsilon_3}{\sigma_3 - \sigma_m} = \lambda$$

还可以将其写成广义表达式：

$$\varepsilon_x = \frac{2}{3}\lambda\left[\sigma_x - \frac{1}{2}(\sigma_y + \sigma_z)\right], \gamma_{yz} = \gamma_{zy} = \lambda\tau_{zy}$$

$$\varepsilon_y = \frac{2}{3}\lambda\left[\sigma_y - \frac{1}{2}(\sigma_z + \sigma_x)\right], \gamma_{zx} = \gamma_{xz} = \lambda\tau_{zx}$$

$$\varepsilon_z = \frac{2}{3}\lambda\left[\sigma_z - \frac{1}{2}(\sigma_x + \sigma_y)\right], \gamma_{xy} = \gamma_{yx} = \lambda\tau_{xy}$$

式中　λ——比例系数，它在变形过程中是变化的，只是在变形的某一瞬时为一定值：

$$\lambda = \frac{3}{2} \frac{\bar{\varepsilon}}{\bar{\sigma}}$$

式中　$\bar{\varepsilon}$——等效应变。

在上述理论中，全量理论表示塑性变形终了时主应变与主应力之间的关系，而增量理论表示在塑性变形的某一瞬间应变增量与主应力之间的关系。实质上，全量理论的比值就是应力－应变曲线上一点(ε,σ)与坐标原点$(0,0)$连线斜率的倒数(忽略了系数 3/2)。而增量理论的比值则是应力－应变曲线上一点(ε,σ)与应变坐标轴上某点$(\varepsilon_1,0)(0 \leqslant \varepsilon_1 < \varepsilon)$连线斜率的倒数(同样忽略了系数 3/2)，这里应变增量 $d\varepsilon = \varepsilon - \varepsilon_1$。

由此看来，无论是增量理论还是全量理论，其比值一般都不是常数，即使实测的应力－应变关系在塑性阶段是线性的，这个比值也不是常数。但是有一种情况例外，即在塑性阶段应力不变的条件下，当应变增量恒定时，增量理论的比值是常数，但全量理论的比值仍不是常数。如果全量理论的比值为常数，那就意味着弹性阶段没有结束，塑性阶段还没有开始。但广义胡克定律中这个比值被设定为常数(因为泊松比被设定为常数)。无论这个比值是否为常数，一旦应力－应变曲线确定了，任何时刻的这个比值也就能被确定了，后续的变形分析能够进行了，只是结果的准确性和精度有待进一步验证。

严格来说，增量理论和全量理论不过是一种假设或一种处理方法，更清楚的说法应该是塑性变形阶段本构关系的增量处理方法或全量处理方法，本质上都是假设各主应变或主应变增量与应力偏量之间的比例关系，并没有给出推导、说明等。现阶段这两种方法都是以假设(或公理)的形式进入材料变形力学体系中，而且实际使用时也证明了其正确性。随着科学的发展，对于微观结构与宏观性能之间的关系有了成熟的理论,有可能得出增量理论和全量理论,就像多年前电子自旋的概念是为了说明实验事实,作为一个假设人为地引入量子力学中,而后随着相对论性的波动方程的确立,也就得出了电子自旋的概念。

若考虑非简单的加载情况,增量理论更实用些,尤其在使用计算机软件的情况下,增量处理方法是很适用的。全量处理方法可能易于被解析的方法所接受,可是解析的方法一直不是实用的方法。

塑性变形时应力－应变关系有如下特点:

(1) 应力与应变之间的关系是非线形的。

(2) 塑性变形是不可恢复的,是不可逆的关系。

(3) 塑性变形可以认为体积不变,应变球张量为零,因此泊松比 $\mu = 0.5$。

(4) 全量应变主轴与应力主轴一般不重合。

3.3　屈服准则和强度理论

3.3.1　屈服准则

屈服准则是变形体由弹性状态向塑性状态过渡的力学条件(或应力条件),是通过应力状态判断材料是否进入塑性状态的判据。材料是否进入塑性状态,首先应该由应变来确定,在应变未知的情况下,可由已知的应力来判断,这就用到了屈服准则。屈服准则不是经过严格的数学推导证明的,而是从实践中得出的经验公式。

历史上曾有不少人提出不同的假说来描述受力物体由弹性状态向塑性状态过渡的力学条件,其中较符合实验数据的有屈雷斯加(Tresca)屈服准则和密塞斯(Mises)屈服准则。

1. 屈雷斯加屈服准则

1864 年,法国工程师屈雷斯加在金属挤压实验中首先发现材料的屈服与最大切应力有关,即当变形体中的最大切应力达到某一定值时,材料就发生屈服。或者说,材料处于塑性状态时,其最大切应力是一个不变的定值,该定值只取决于材料在变形条件下的性质,而与应力状态无关,所以该准则又称为最大切应力不变条件。若规定 $\sigma_1 \geqslant \sigma_2 \geqslant \sigma_3$,则最大切应力为

$$\tau_{\max} = \pm \frac{\sigma_1 - \sigma_3}{2}$$

所以,屈雷斯加屈服准则可以写成

$$\sigma_1 - \sigma_3 = C$$

式中,常数 C 可以通过实验求得。由于 C 值与应力无关,因此可用最简单的单向拉伸实验来确定。单向拉伸时,$\sigma_2 = \sigma_3 = 0$ 且 $\sigma_1 = \sigma_s$,可得 $C = \sigma_s$,所以屈雷斯加屈服准则为

$$\sigma_1 - \sigma_3 = \sigma_s$$

2. 密塞斯屈服准则

1913 年,德国力学家密塞斯提出了另一个屈服准则,并称为密塞斯屈服准则。它的具体内容是:当等效应力 $\bar{\sigma}$ 达到某一定值时,材料即行屈服,该定值与应力状态无关,即

$$\bar{\sigma} = \sqrt{\frac{1}{2}\left[(\sigma_1 - \sigma_2)^2 + (\sigma_2 - \sigma_3)^2 + (\sigma_3 - \sigma_1)^2\right]} = C$$

由于常数 C 与应力状态无关,因此也可由单向拉伸实验确定。于是,密塞斯屈服准则的表达式为

$$(\sigma_1 - \sigma_2)^2 + (\sigma_2 - \sigma_3)^2 + (\sigma_3 - \sigma_1)^2 = 2\sigma_s^2$$

密塞斯提出该准则时,只是想把屈雷斯加屈服准则写成一个统一的关系式,以简化计算。但后来他发现了它的物理意义:当材料中单位体积的弹性形变能达到某一定值时,材料即行屈服。所以,密塞斯屈服准则又称弹性形变能不变条件。

在主应力空间,密塞斯屈服准则是一个以等倾轴为轴的圆柱面,而屈雷斯加屈服准则则是内接于这个圆柱面的等边六棱柱面,如图 3.13 所示。这样的图形可以启发读者的想象,但是它不是真实存在的,没有实验基础。也就是说,应力球张量对屈服的影响没有被圆柱面或六棱柱面体现出来,这个影响被彻底忽略了。在此图基础上的任何想象和发挥都是站不住脚的。

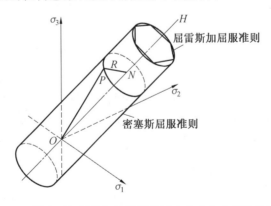

图 3.13　密塞斯屈服准则与屈雷斯加屈服准则在主应力空间的几何形状示意图

密塞斯屈服准则与屈雷斯加屈服准则实际上相当接近,在某些应力状态下还是一致的。密塞斯在提出该准则时还认为屈雷斯加屈服准则是准确的,而该

准则只是近似的,以后的实验证明对于多数金属材料,密塞斯屈服准则更接近于实际情况。

当应力的次序预知时,屈雷斯加屈服准则为线性的,使用起来会很方便。

屈服准则对于材料力学、弹性力学是有意义的,它代表着材料弹性变形的极限。但对于塑性力学和有限元法,屈服准则的意义则不大,甚至说没有意义,真正有意义的是应力－应变关系曲线。这个关系曲线才是弹性力学、塑性力学的核心基础,而屈服点只不过是这个曲线上的一点而已。在材料力学、弹性力学中,若使用解析法,可采用位移法,也可以采用应力法。采用应力法时,当需要判断弹性变形和塑性变形时,就要用到屈服准则。而在塑性力学范围内,应力法是不适用的,所以屈服准则也就没有了用武之地。

3.3.2　强度理论

在材料力学的发展过程中,人们提出了许许多多的强度理论,但绝大多数是针对特殊材料和特殊情况(应力－应变状态)而提出的。最后,普适性的强度理论有 4 个,分别是两个关于脆性破坏和两个关于塑性屈服破坏的强度理论。

对于单向应力状态情况很容易,可以模拟实际的单向应力状态进行轴向拉伸实验。对于脆性材料,当 $\sigma = \sigma_b$ 时,材料发生断裂失效,$\sigma = \sigma_b$ 就是失效判据,强度极限 σ_b 就是极限应力;对于塑性材料,当 $\sigma = \sigma_s$ 时,材料发生屈服失效,$\sigma = \sigma_s$ 就是失效判据,屈服点 σ_s 就是极限应力。

对于复杂的应力状态情况,要回答上述问题就不那么容易了。但是,材料失效是存在原因和规律的,在有限实验的基础上可以对材料失效的现象加以归纳、整理,对失效原因做一些假说,无论何种应力状态,无论何种材料,只要失效模式相同,便具有同一个失效原因。这样就可以通过轴向拉伸这一简单实验的结果,预测材料在不同应力状态下的失效和建立材料在一般应力状态下的失效判据。有关材料失效原因与失效规律的假说或学说,称为强度理论。

显然,强度理论必须经受实验的检验。实际上,也正是在反复实验与实践的基础上,强度理论才得到发展并日趋完善。

1.关于脆性断裂破坏的强度理论

(1)第一强度理论。

这个理论认为,导致材料发生脆性断裂的因素是最大拉应力,即最大拉应力达到极限时,材料发生脆性断裂破坏,所以又称为最大拉应力理论。

第一强度理论的缺点是很难应用于脆性材料变形而发生竖向断裂这一工程现象中。因为当脆性材料试件受压时,试件内无拉力,但试件却发生纵向的断裂破坏。针对这一问题,人们提出第二强度理论。

（2）第二强度理论。

这个理论认为，材料发生脆性断裂的因素是材料内的最大伸长线应变，即当最大伸长线应变达到极限时，材料发生脆性断裂破坏，所以又称为最大伸长线应变理论。

第二强度理论是第一强度理论的发展，它弥补了第一强度理论的不足，考虑到了第二、第三主应力对材料脆性断裂破坏的作用。但是，当材料内既有拉应力又有伸长线应变时，在有些情况下，第一强度理论与实际情况更相符，而在有些情况下，第二强度理论与实际情况更相符，它们有各自适用的领域。

2. 关于塑性屈服破坏的强度理论

（1）第三强度理论。

这个理论认为，材料发生塑性屈服破坏的原因是材料内的最大剪应力达到了极限值，所以又称为最大剪应力理论。

（2）第四强度理论。

弹性体在外力作用下发生变形，载荷作用点随之产生位移。因此，在变形过程中，载荷在相应位移上做功。其所做的功全部转化为储存在弹性体内的能量，即应变能。

第四强度理论认为，引起材料屈服的主要因素是应变能，而且无论材料处于何种应力状态，只要单位应变能密度达到了材料单向拉伸屈服时的应变能密度，材料即发生屈服。

综上所述，强度理论的通式可表达为 $\sigma_r \leqslant [\sigma]$，其中$[\sigma]$为许用应力。

针对这 4 个强度理论，通式中的判断应力 σ_r 分别对应于以下公式：

$$\sigma_{r1} = \sigma_1$$
$$\sigma_{r2} = \sigma_1 - \mu(\sigma_2 + \sigma_3)$$
$$\sigma_{r3} = \sigma_1 - \sigma_3$$
$$\sigma_{r4} = \sqrt{\frac{1}{2}\left[(\sigma_1 - \sigma_2)^2 + (\sigma_2 - \sigma_3)^2 + (\sigma_3 - \sigma_1)^2\right]}$$

实际上，第三强度理论本质上就是屈雷斯加屈服准则；而第四强度理论本质上就是密塞斯屈服准则。

从材料力学的角度看，当材料发生塑性变形时，就认为材料失效了；而从塑形力学的角度看，当材料发生屈服时，变形刚刚进入塑性状态，是材料加工成形过程的开始。

思考题与习题

1.什么是塑性变形的本构关系？影响这个关系的主要因素有哪些？

2.单向拉伸时,出现缩颈后为什么要对应力－应变曲线进行修正?

3.变形温度和变形速率对应力－应变曲线有什么影响?

4.为什么说材料的应力－应变曲线只能通过实验实测出来,而不能用任何理论推导出来? 现在看有这样的理论吗?

5.单向拉伸时的应力－应变曲线也就是等效应力－应变曲线,那么双向拉伸时,实测的应力－应变曲线还是等效应力－应变曲线吗? 如果双向拉伸实验测得的应力－应变曲线经过计算转换得到了等效应力－应变曲线,其和单向拉伸时的应力－应变曲线是一样的,这说明了什么? 如果不一样,又说明了什么?

6.为什么说用数学公式拟合材料的应力－应变曲线是没有实质意义的? 这样的公式是不是可以有很多种? 那么其中任何一个公式中的参数是否有实际的物理意义? 勉强定义了一个概念是否就能揭示物理本质?

7.考虑应力是应变、应变速率和温度的函数,若用二维图形表示这个函数,可能有多少种类的图? 若用三维图形,情况又是怎样的?

8.什么是增量理论? 什么是全量理论? 它们之间是怎样的关系?

9.何谓屈服准则? 常用的屈服准则有哪两种? 屈服准则有什么作用? 它们在分析塑性变形的过程中是否还有意义? 为什么?

10.根据自己实测的材料应力－应变曲线数据,或者参考文献中的数据,编制程序绘制其本构关系的三维模型和四维模型,它们本质上的异同点是什么?

第 4 章

最小作用量原理及能量极值原理

本章对最小作用量原理的起源和发展,在物理学中的地位、应用及其意义等做了全面细致的述评,随后对最小作用量原理与极值原理(最小势能原理、最小余能原理和虚功原理)及牛顿定律之间的关系进行了详细说明,进而深刻地揭示了诸如哈密顿原理、变分原理、极值原理、有限元原理和牛顿定律等的本质,对理解物理学、数学以及有限元软件等有重要意义。

4.1　最小作用量原理的起源和发展

在物理学里,最小作用量原理是描述客观事物规律的一种原理或方法,即从一个角度比较客体一切可能的运动或经历,认为客体的实际运动或经历可以由作用量求极值得出,即作用量最小的那个经历。最小作用量原理体现在数学上就是变分原理。有了最小作用量原理,自然就有了变分原理。

最小作用量原理中的"最小"并非一定指作用量取最小值,而是指取极值。极值问题在自然界中太普遍了,尤其在物理学中更是常见的一类重要问题。极值反映了唯一性,也带有一点极端性,或者说物理规律应当具有唯一性。否则,如果物理规律具有多值性、能动性,那么人们就很难认识物质世界的客观规律。今天,物理学家已找到了一种以统一的形式和精确的数学去描述这些极值问题的原理——最小作用量原理。

最小作用量原理从最早的朦胧、模糊的观念到定量化的具有完美数学表达式的物理学基本原理,经历了漫长的发展演变过程,其原始思想可以追溯到古希腊时期。当时的哲学家和科学家根据哲学、神学和美学的原则,认为事物总是被最简单和天然的规律所支配,大自然总以最短捷的可能途径行动。

公元前 3 世纪,古希腊数学家欧几里得在他的《反射光学》一书中就把光看作沿直线传播,服从几何学规律,进而提出了光的反射定律。学者和工程师希罗也写过一本名为《反射光学》的书,在该书中他提出了最短路径原理:光在空间中两点间传播时总是沿着长度最短的路径进行,这是最小作用量原理最原始的表述。公元 6 世纪,希腊新柏拉图主义哲学家奥林匹奥德鲁斯也强调了自然现象的经济本性,认为自然界不做任何多余的事,或者不做任何不必要的工作。

到了中世纪,自然界的经济本性为更多的人所接受,大自然以最简捷的方式行动的观念已成为较普遍的一种观念。英国神学家、牛津大学的校长格罗斯泰斯特认为,自然界总是以数学上最小和最优的方式运动和变化。英国唯名论哲学家威廉·奥卡姆在反对经院哲学中提出了理论思维的简单性原则和明晰性的要求,概括起来就是"如无必要,勿增实体"。他指出"能以较少者完成的事,若以较多者去做,即是徒劳",这就是西方哲学史上著名的"奥卡姆剃刀"原则。达·芬奇也认为自然是经济的,而且自然的经济学是定量的。

最小作用量原理发展史上的重要发现是与人类对光的研究密不可分的,其成功应用的一个例子当属费马原理的发现。作为研究光线反射和折射的结果,法国数学家和物理学家费马曾得出这样的结论——自然界总是通过最短的途径发生作用的。在对光的折射定律的研究中发现,光从一种媒质进入另一种媒质的过程中,最短路径原理并不成立。然而他坚信自然界的行为总是按照简单而又经济的原则进行的。1662 年,费马提出了"最短时间原理",指出:光在媒质中从一点到达另一点时,总是沿着花费时间最少的路径传播,这就是著名的费马原理。费马原理用"最短时间"取代"最短路径",是科学认识上的一大进步。费马原理作为几何光学的高度概括性原理,使此前相互独立的光的直线传播定律、反射定律、折射定律以及光路可逆性原理有了一个统一而又简洁、优美的表述。此后,法国科学家莫培督在题为《论各种自然定律的一致》中认为,最小观念不仅适用于光的传播过程,也应普遍适用于各种物理现象。他把光的折射定律同力学定律比较后发现,"最小"观念应用于力学过程时并非普遍遵从"时间最短"原理。由此,他提出了"物质系统实际发生的过程应是使某个反映其经历特征的参量取最小值"。莫培督实际上是把费马原理发展成了一个具有全新内容和极大适用范围的崭新原理,这一原理被称为"最小作用量原理"。他这样描述这个原理:"自然界总是通过最简单的方法起作用的。如果一个物体必须没有任何阻碍地从这一点到另一点,自然界就利用最短的途径和最快的速度来引导它。"

莫培督虽然提出了最小作用量原理,也成功地用来解决了一些力学问题,但他未能给出相应的数学表述形式和数学推演体系,然而其思想对后人有很大的启发。1696 年,瑞士数学家伯努利兄弟由于对"最速降线"的研究而开始变分法的萌芽。瑞士数学家欧拉发展了变分法,并将它用于解决抛射体的运动,也独立地得到了最小作用量原理。他还首次用变分的方式 $\delta \int v \, dl = 0$ 表述最小作用量原理,使其形式更加简洁,内涵也更加深刻和具体,从而开辟了一个处理力学问题的全新途径。

当最小作用量原理应用于一个机械系统时,可以得到此机械系统的运动方程。这一原理的研究促进了经典力学的拉格朗日表述和哈密顿表述的发展。18世纪末,法国科学家拉格朗日建立"分析力学"。卡尔·雅可比称最小作用量原理为分析力学之母。19 世纪上半叶,爱尔兰科学家哈密顿建立哈密顿原理和哈密顿方程。这些成果标志着最小作用量原理和相应的变分原理理论体系已经发展到相当完善的地步,但其应用仍被局限于经典力学这一狭窄的领域。

现代物理学的发展,一面向小的方面深钻,一面向大的方面拓展,它们在宇宙的极早期又统一了起来。最小作用量原理对这两个方面的探索都起至关重要的作用,选取不同的作用量,就等于建立了一种物理理论。这说明了物质世界的统一性,以及最小作用量原理在物理学中至高无上的地位。在研究新的物理场时,所能依据的就是最小作用量原理,并由它导出场方程和守恒定律,它已成为粒子物理学、规范场论、现代宇宙学等物理理论的基本柱石。

在现代物理学里,最小作用量原理非常重要,其在相对论、量子力学、量子场论中都有广泛的用途。在现代数学里,这一原理是莫尔斯理论的研究焦点。

1. 最小作用量的费马表述

在几何光学中,费马原理可表示为

$$\delta \int_{A}^{B} n(x,y,z)\mathrm{d}s = 0 \qquad (4.1)$$

式中　　n——介质的折射率;

　　　　s——路径元。

2. 最小作用量的莫培督表述

莫培督发表的最小作用量原理阐明,对于所有的自然现象,作用量趋向于最小值。他定义一个运动中的物体的作用量为 A,是物体质量 m、移动速度 v 与移动距离 s 的乘积,即 $A = mvs$。

莫培督又从宇宙论的观点来论述,最小作用量好像是一种经济原理,在经济学里大概就是精省资源的意思。

3. 最小作用量的拉格朗日和欧拉表述

拉格朗日是第一个对最小作用量原理做了正确表述的人,该表述为

$$\delta A = \delta \int Mv\mathrm{d}s = 0 \qquad (4.2)$$

欧拉－拉格朗日最小作用量原理为

$$\delta A = \delta \int \sum_{i} p_i \mathrm{d}q_i = 0 \quad \text{或} \quad \delta A = \delta \int_{t_i}^{t_f} 2T\mathrm{d}t = 0 \qquad (4.3)$$

式中　　p_i——广义动量;

　　　　q_i——广义坐标;

　　　　T——系统动能。

4. 最小作用量的哈密顿表述

哈密顿把最小作用量原理发展到了巅峰。他把力学中粒子的运动轨迹与几何光学中光线轨迹进行类比,把力学中的最小作用量原理与光学中的费马原理进行类比,利用广义坐标 q_i、广义动量 p_i 和拉格朗日函数 L 定义了一个新的哈密顿作用量函数 S:

$$S = \int_{t_1}^{t_2} L(q_i, p_i, t)\mathrm{d}t \qquad (4.4)$$

式中　　L——系统的动能和势能之差,$L = T - V$。

从而他得出了哈密顿原理:在相同的时间和相同的约束条件下,完整有势系统在由某一初位形转移到另一已知位形的一切可能运动中,真实运动的哈密顿作用函数具有极值,其数学表达式为

$$\delta S = 0 \qquad (4.5)$$

顺便提一下,在稳定约束条件下,哈密顿函数代表系统的动能和势能之和为 $H = T + V$,在不稳定约束条件下,哈密顿函数代表广义能量积分为 $H = h$。

哈密顿原理真正完成了莫培督把几何光学中的费马原理推广到力学中的尝试,为牛顿运动定律提供了一个全新的力学基础。哈密顿原理阐明一个物理系统的拉格朗日函数所构成的泛函的变分问题解答,可以表达这一物理系统的动力行为,这个泛函称为作用量。

哈密顿原理提供了一种新的方法来表述物理系统的运动。不同于牛顿运动定律的微分方程方法,这个方法以积分方程来设定系统的作用量,在作用量平稳的要求下,使用变分法来计算整个系统的运动方程。

哈密顿原理从更概括的概念和更少的必要公设出发,运用数学手段把已有的力学知识组织成更严密、更系统和更抽象的逻辑演绎体系,不仅给出了解决一切力学问题的统一的观点和方法,而且为包容更广泛的经验事实创立了条件,从而成为新的科学研究的起点。哈密顿原理原本是用来表述经典力学的,现在也可以应用于经典场,如电磁场或引力场,甚至可以延伸至量子场论等。

最小作用量原理可用图 4.1 来进一步说明。随时间变化的系统的作用量在任意瞬间都是系统可几状态的函数。而在系统可几状态中只有一个真实的状态,就在这个真实状态中作用量取最小值。因为可几状态是状态函数,作用量对状态函数取极值,这就是数学上的变分,所以最小作用量原理在数学上就是变分原理。

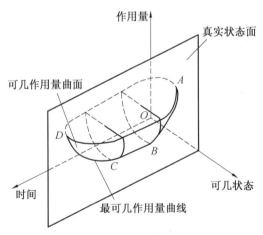

图 4.1 最小作用量原理三维船壳形示意图

系统作用量函数可由图 4.1 中的近似于船壳形的曲面来表示,就是可几作用量曲面,而其真实状态由一平面代表。两者相交的曲线 $ABCD$ 就是最可几作用量曲线,其中 BC 段表示系统处于静止状态。

最小作用量原理中的作用量或许比能量概念更为重要。作用量的量纲是
［能量×时间］，是能量与时间的统一，能量仅反映了作用量中的一部分联系。

在图 4.1 中，一个坐标轴是时间，而另一个坐标轴是作用量，还包含时间，这
是该示意图的一个特点，也是理解作用量与时间关系的难点。

4.2　最小作用量原理的应用和意义

4.2.1　最小作用量原理在传统物理学中的应用

自哈密顿建立最小作用量原理以后，由于其简洁、优美的形式，简单和统一
的逻辑及它在力学研究中的有效性，鼓舞和激励着许多科学家尝试将它推广到
物理学的其他领域，这已成为理论物理学的一种风格。

19 世纪六七十年代，玻耳兹曼、克劳修斯、契利等人都在从哈密顿原理推导
出热力学第二定律方面做了大量工作。

在几何光学中，费马原理可用式（4.1）表示，如果选择拉格朗日函数为

$$L(x,y,\dot{x},\dot{y},z)=n(x,y,z)(1+\dot{x}^2+\dot{y}^2)^{\frac{1}{2}}$$

费马原理就可写成与最小作用量原理相似的形式，即

$$\delta\int_A^B L(x,y,\dot{x},\dot{y},z)\mathrm{d}z=0$$

由此可得出光学的拉格朗日方程和光线方程为

$$\begin{cases} \dfrac{\mathrm{d}}{\mathrm{d}z}\left(\dfrac{\partial L}{\partial \dot{x}}\right)-\dfrac{\partial L}{\partial x}=0 \\[3mm] \dfrac{\mathrm{d}}{\mathrm{d}z}\left(\dfrac{\partial L}{\partial \dot{y}}\right)-\dfrac{\partial L}{\partial y}=0 \end{cases}$$

$$\frac{\mathrm{d}}{\mathrm{d}s}\left(n\frac{\mathrm{d}\boldsymbol{r}}{\mathrm{d}s}\right)=\nabla n \tag{4.6}$$

式中　　n——介质的折射率；

　　　　s——路径元；

　　　　$\boldsymbol{r}$——光线上任意点的位置矢量。

方程（4.6）就是光线传播轨迹的微分方程。从理论上讲，给定初始条件就可
由式（4.6）求出光传播的轨迹。

在经典力学中，由哈密顿作用量函数，即式（4.4）和式（4.5），可得拉格朗日
方程为

$$\frac{\mathrm{d}}{\mathrm{d}t}\left(\frac{\partial L}{\partial \dot{q}_i}\right)-\frac{\partial L}{\partial q_i}=f_i$$

对于保守系统，$f_i = 0$，可得动量 $P_x = m\dot{x} = mv$，即牛顿第二定律。

对于非保守系统，f_i 为广义力，它包括两部分：一部分是由系统的耗散引起的，另一部分是由非保守力做功引起的。最小作用量原理向非线性、非保守系统的推广已在解决振动问题以及有关耗散的电学问题中得到了广泛应用。

在流体力学中，鉴于连续介质（弹性体、黏性流体等）力学是经典力学的组成部分，其处理问题的基本思想、方法与经典力学也完全一致，因而，在这一领域也应存在相应的最小作用量原理。研究表明，这一推理是正确的。

对于惯性参照系下的黏性流体，选取适当的拉格朗日函数，利用变分计算，可得黏性流体的力学方程。可以证明，最小作用量原理普适于地球上实际发生的任意时限与任意体积的流体运动，以及各种流体动力学的原始方程模式的精确评估，对于流体力学模式的改进具有重要的实际意义。

流体受到的外力可分为体积力 $\boldsymbol{F}$ 和表面应力 $\boldsymbol{P}$ 两类。表面应力可用两阶对称应力张量 $\boldsymbol{\Pi}$ 来表示，用 $\boldsymbol{V}$ 表示流体元速度矢量，ρ 为密度，τ 为体积，σ 为封闭表面积。

通过拉格朗日函数

$$L = \int_\tau \{ \rho \frac{\boldsymbol{V}^2}{2} + \int_t [\boldsymbol{V} \cdot (\nabla \cdot \boldsymbol{\Pi}) + \boldsymbol{V} \cdot \rho \boldsymbol{F}] \mathrm{d}t \} \mathrm{d}\tau$$

可得作用量函数，然后按最小作用量原理得到适合广义牛顿黏性假设的黏性流体的 Navier — Stokes 方程：

$$\rho \frac{\mathrm{d}\boldsymbol{V}}{\mathrm{d}t} = \rho \boldsymbol{F} - \nabla \rho + \frac{\mu}{3} \nabla (\nabla \cdot \boldsymbol{V}) + \mu \nabla^2 \boldsymbol{V}$$

在电磁学理论中，通过选择适当的拉格朗日函数和作用量，并利用最小作用量原理，就可得到麦克斯韦方程组，从而建立整个电磁学理论。19 世纪末，拉莫首先找到了拉格朗日函数的经典形式，导出了麦克斯韦方程组。朗道和栗弗席兹合著的《场论》可称为以最小作用量原理来统率电动力学的典范，比如对于电荷在电磁场中的运动来说，选取作用量为

$$S = \int_{t_1}^{t_2} (- mc^2 \sqrt{1 - \frac{v^2}{c^2}} + \frac{e}{c} \boldsymbol{A} \cdot \boldsymbol{V} - e\varphi) \mathrm{d}t$$

式中　　e——电荷；

　　　　c——光速；

　　　　$\boldsymbol{V}$——粒子运动速度矢量；

　　　　$\boldsymbol{A}$——场的矢势；

　　　　φ——场的标势；

　　　　v——粒子运动速度，标量。

可得麦克斯韦方程组如下：

$$\nabla \cdot \boldsymbol{E} = 4\pi\rho$$

$$\nabla \cdot \boldsymbol{H} = 0$$

$$\nabla \times \boldsymbol{E} = -\frac{1}{c}\frac{\partial \boldsymbol{H}}{\partial t}$$

$$\nabla \times \boldsymbol{H} = \frac{1}{c}\frac{\partial \boldsymbol{E}}{\partial t} + \frac{4\pi}{c}j$$

另外,电磁场的最小作用量表达式还是对电磁谐振问题、波导中导波的传播常数、波导接头的阻抗等电磁场工程中的实际问题进行研究的极有价值的方法。

在热力学理论发展过程中,亥姆霍兹把最小作用量原理推广应用于热力学领域,此后普朗克在这一方向上又做了进一步研究,他们从作用量表达式

$$\delta\Phi = \delta\int\left(\delta L + \sum_i f_i \cdot \delta q_i\right) = 0$$

先后导出了热力学的基本变换关系式,即

$$S = \left(\frac{\partial L}{\partial T}\right)_V = -\left(\frac{\partial F}{\partial T}\right)_V$$

$$P = \left(\frac{\partial L}{\partial V}\right)_S = -\left(\frac{\partial F}{\partial V}\right)_S$$

式中　L——系统的拉格朗日函数。

如果选(S,V)为独立变量,则L为系统的内能;如果选(T,V)为自变量,则L代表系统的自由能。

狭义相对论创立之后,普朗克、爱因斯坦随即对相对论热力学进行了研究,从而建立了相对论热力学体系。他们取相对论热力学的拉格朗日函数

$$L = -U + TS + v \cdot G$$

式中　U——系统的热力学内能;

　　　T——系统的绝对温度;

　　　S——系统的熵;

　　　v——系统的运动速度;

　　　G——系统的动量。

若相对论热力学的最小作用量原理选取以下形式:

$$\int(\delta L + \boldsymbol{k} \cdot \delta\boldsymbol{r})\mathrm{d}t = 0$$

可得相对论热力学第一定律的基本方程为

$$\mathrm{d}U = T\mathrm{d}S - P\mathrm{d}V$$

由此表明,从最小作用量原理可以建立热力学的基本方程、基本定律及热力学量的变换关系。

4.2.2　最小作用量原理在现代物理学中的地位

20世纪初是近代物理学新发现层出不穷的时期。1900年，普朗克为解释黑体辐射引入了能量子 $h\nu$ 的概念。其中普朗克常数 h 的单位是能量与时间的乘积，和作用量的单位是一致的。他认为，作为建立统一的世界物理图景基础的最小作用量原理，是所有可逆过程的普遍原理。它虽然产生于力学，但应用的范围包括了热力学和电动力学。1923年，德布罗意把光现象和力学现象做了如下类比：在几何光学中，光的运动服从费马原理；在经典力学中，质点的运动服从力学的最小作用量原理。这两个反映不同领域运动规律的原理具有完全相似的数学表达式。而光学的发展已证明了原来被认为纯粹是波动的光也具有粒子性，即光具有波粒二象性。他由此推测原来被认为纯粹是粒子的电子也可能具有波动性，即微观粒子也应具有波粒二象性，从而大胆地提出了"物质波"的假设。德布罗意的物质波思想于1928年被电子衍射实验所证实。薛定谔把握并发展了德布罗意的物质波理论，创建了波动力学体系。他认为经典力学和几何光学的一些规律具有完全相似的数学形式，而量子力学又与物理光学类似，因此也必然存在一个物质波的波动方程与光的波动方程相类似，由此得出了薛定谔的波动方程，这是不同于海森伯矩阵力学的另一种形式。薛定谔证明了它和矩阵力学的等价性。

进入20世纪后，爱因斯坦摒弃了绝对时空观念，引入了相对性原理，建立了狭义相对论，随后向引力场中发展得到了广义相对论。爱因斯坦与希尔伯特分别找到了相应的作用量的表示式，从而利用最小作用量原理建立了引力场方程。如玻恩指出的那样，物体的运动可以用四维时空中的世界线来表示，这条线在两点之间的长度正好就是哈密顿原理中作用量的动能部分，而表示在重力作用下的运动的线则是四维空间中的测地线。以牛顿定律作为极限情形的爱因斯坦引力定律，也可以从一种极值原理导出，其中取极值的量可以解释为时空世界的总曲率。

1918年，德国数学家诺特证明了一个定理，揭示了最小作用量原理、对称性和守恒定律内在的统一性，指出对于作用量的每种对称性（即变换不变性）都有一个守恒定律与之对应。最小作用量原理正是这一客观事实的数学表述，它体现着物理实在的结构，这正是物理学家们对最小作用量原理所取得的更深刻的认识，也为场论的研究找到了新的、有力的研究方法。1948年，美国著名物理学家费曼也是从最小作用量原理出发，创造了和薛定谔、海森伯的方法并列的一种表述量子力学的等价方法——路径积分方法。路径积分方法已被证明是处理量子力学问题的重要而又简明的方法。路径积分形式可以推广到普遍量子场论。

规范场概念在20世纪20年代就已由韦尔提出，然而规范场理论得到公认的是格拉肖、温伯格、萨拉姆在 20 世纪 50～60 年代提出的弱电统一理论,其在 20 世纪 80 年代得到了证实。弱电统一理论的成功使科学家们坚定了弱作用、电磁作用、强作用的大统一理论以及关于 4 种相互作用的超大统一理论成功的信念。这种情况表明规范场理论证实了最小作用量原理的最高地位,促使人们自觉地利用最小作用量原理来寻找新的物理规律,建立新的物理理论。

20 世纪现代宇宙学也取得了重要进展,建立了大爆炸宇宙学。尽管宇宙学还不成熟,但相当于薛定谔方程的惠勒－德维特方程(由最小作用量原理导出)给出了许多有意义的结果,并因此形成了两大主要的量子宇宙学学派,即霍金无边界方案和林德、维金的隧道方案。

广义相对论仅考虑了物质的存在导致时空弯曲,没有考虑到物质的内察自旋(如电子的自旋一样)。若涉及物质的自旋,则物质导致时空有挠,此时广义相对论被代之以引力场的规范理论或有挠时空论。目前,有挠时空论仍如此,而有挠时空论的基本方程和粒子的运动方程也是通过最小作用量原理来探索的。

物理学家费曼指出:"今天我们所了解的定律,实际上是二者的结合,换言之,即用最小作用量原理加上局域性定律。今天我们相信物理规律必须是局域的,也必须服从最小作用量原理,但我们并不确实知道。"费曼所言的"不确实知道",可能是因为这条基本原理无法从逻辑上来证明。而局域性和最小作用量原理却是对一切物理理论所提出的最基本的要求。

最小作用量原理在物理学中基本上被证明是适用于整个宇宙的。自牛顿以来的几乎所有物理学理论都可以用作用量的语言表述出来(除了热力学第二定律),如牛顿方程、电磁场的麦克斯韦方程组、量子力学的薛定谔方程、克莱因－高登方程、狄拉克方程、相对论力学方程、广义相对论的爱因斯坦方程等,它已成为物理学中最具有概括性的原理。在经典场论和量子场论中,场方程和场的守恒量都可由统一的最小作用量原理出发而得到。在统一场论以至最新的超弦理论中,最小作用量原理仍担当着主要角色。建立理论实际上可归结为找出正确的拉格朗日密度的具体形式。随后,场的对称性也由它体现出来,可由它去严格定义。而且作用量表述方式已经取代了运动方程,基础物理学家们也极少去处理运动方程及相应的诸如力和加速度一类的概念,而是把它们作为作用量表述的副产品,这是与牛顿力学的思想方法完全不同的一种思维方式。

4.2.3　最小作用量原理的意义

最小作用量原理简洁、优美的形式和它对于物理学各个领域的普适性,说明它揭示了自然界的某些基本的规律和特征。以哲学的观点看,自然界中某些量尽可能保持最小值,这也许表明了自然界受到某些根本的节省机制的制约。自然界存在某些普遍或共同的规律,支配着不同领域里的不同过程。或者说,不同领域里的不同过程都处在广泛联系之中，因而都具有一些共同的特征，以至相似的规律和表现形式。最小作用量原理揭示了自然界的统一性、和谐性、对称性以及自然规律的逻辑简单性。自然界的各种事物和现象虽然千变万化、纷繁复杂，但是它们之间却存在深刻的内在联系，它们在本质上是相互关联的。

世界上的万事万物构成一个立体交叉的复杂网络和相互关联的有机整体。最小作用量原理的普适性表明，解决各种不同的物理问题时，只要找出对应于该问题的作用量函数的表达式，就可用最小作用量原理求解该问题。这种思想是如此清晰而简明，充分说明了自然界在复杂多变的现象背后，其本质是简单的，自然界的规律服从简单性原则。但是这里所指的简单性绝不是简单化，而是如爱因斯坦所说的"我们所谓的简单性并不是指学生在精通这种体系时遇到的困难最小，而是指这个体系所包含的彼此独立的假设或公理最少"及"要从尽可能少的假说或者公理出发，通过逻辑的演绎，概括尽可能多的经验事实"。这就是简单性原则。这种简单性是指理论的简单性和逻辑上的简单性。

在最小作用量原理中，通过选择不同的作用量，几乎可以建立全部的理论物理学。作用量或许比能量概念更为重要。能量反映了各种运动之间相互转化的共同量度，作用量则反映各种运动过程必须满足的共同性质。

对于动量或能量读者都很熟悉，但说到"作用量"就有些陌生。因为没有这一概念时，我们的工作和学习也进展得很顺利，因此就很难形成这样一个概念。事实上，人类对动量和能量概念的认识也经历了漫长的阶段。在考虑物体的碰撞时发现，单独以质量或速度去描述一个物体的运动都不准确，只有把二者联合起来考虑才能确切地说明一个物体的碰撞效果，由此就逐步建立了动量的概念。作用量的概念也可在现实生活中找到，比如，我们总希望以尽可能少的时间和能量消耗去完成一件工作。但如果进一步说，在时间和能量二者中更倾向于节省哪一个呢？是愿意以大的能量消耗为代价以便在较短的时间内达到目的，还是宁可花大量时间以小的能量消耗达到目标？对于许多物理学问题来说，同样可以发现，每当过程的实现有一种以上的方式可供选择时，自然界总是取那种其时间和能量之积为最小的方式。也就是说，自然界既节省时间又节省能量，但在二者之间并无偏爱，至于它为什么选择这样一个奇怪的量（作用量）并使其最小，这实在是一个谜，迄今还尚未出现令人满意的解释。从更深层次来看，自然界中某些量应尽可能保持最小值，也许意味着自然界受某些根本的节省机制的制约，事实证明这种想法是令人神往的。

在量子力学中，有一个作用量常数（普朗克常数）h，给出了粒子性与波动性之间的联系，成为物理世界统一性的桥梁，它的量纲是［能量·时间］。广义相对论是目前最好的理论。在大爆炸宇宙的创生期，有力的工具是量子宇宙学，而且极值原理在量子宇宙学中仍然起基本的作用。在粒子物理学中，最小作用量原理也是探究夸克、亚夸克等客体性质的基本工具。可见,从宇宙的创生到演化,极小到极大,最小作用量原理都扮演着重要的角色,统一说明了宇宙的整体特征,深刻地反映了物质世界的统一性。同时,最小作用量原理渗透于宇宙创生期,把宇宙的创生纳入了自然科学的轨道。

从逻辑上讲,最小作用量原理不可能被推导出来,它必然是一个公理。这可以从数学上的哥德尔不完备性定理得到说明。物理学定律是不互相矛盾的,而没有矛盾的公理体系必然存在不可证明的命题,最小作用量原理就是这样一个命题。公理的正确性只能通过科学实践来检验。物理学发展史业已证明最小作用量原理的基础地位。

还需指出的是,尽管人们做出了艰苦努力,但仍未从最小作用量原理满意地推导出热力学第二定律。其原因可能是,热力学是研究大量微观粒子组成的宏观系统,存在热效应。热力学过程是不可逆过程,存在耗散因素,时间具有不对称性。也可能是热力学第二定律没有考虑引力的作用。正如普朗克断定,作为建立统一的世界物理图景基础的最小作用量原理,是所有可逆过程的普遍原理。

任何形式化的物理学理论都是某种物理洞见的创造和演变的产物,而任何新的物理洞见的创造,以及任何新的物理概念的形成只能是靠直觉(或灵感),而不是形式逻辑与算法。就此意义而言,尽管洞见正确的拉氏函数(或作用量函数)必然是创造性的,然而统一的最小作用量原理正成为孕育现代物理学的生长点。爱因斯坦指出,一切科学发现的伟大目标在于"寻找一个能把观察到的事实联系在一起的思想体系,它将具有更大可能的简单性"。最小作用量原理不仅几乎把已知的事实,而且也将未知的事实纳入到一个思想体系中,它自然成为科学探索中及物理学思想史中最为壮丽的诗篇,自然成为物理理论统一过程中的辉煌里程碑。

综上所述,科学家们通过选取不同的作用量函数,从最小作用量原理出发推导出力学、电动力学、量子力学、狭义相对论及广义相对论的基本规律。从最小作用量原理在物理学中的地位来看,没有哪一个定律或定理能有如此的魅力,始终吸引着众多的哲学家和科学家;也没有哪一个规律能像它一样,把经典物理与近代物理,甚至把物理学与数学如此紧密地结合起来。朗道和栗弗席兹合著的理论物理学教程系列丛书可称为是以最小作用量原理统率物理学的典范。最小作用量原理不仅反映了自然界的简单、和谐、对称与美,也反映了人们对自然规律普遍性与简单性的追求。

4.3　能量极值原理

能量极值原理包括虚功原理、最小势能原理和最小余能原理，它们是有限元法的理论基础。在变分原理中，这些原理对应不同的变分，比如，伽辽金变分对应于虚功原理，里兹变分对应于最小势能原理（最小余能原理）。

4.3.1　虚功原理

虚功原理是分析静力学的重要原理，是拉格朗日于 1788 年确立的。其内容为：对于一个静止的质点系，如果约束是理想双面定常约束，则系统继续保持静止的条件是所有作用于该系统的主动力对作用点的虚位移所做功的和为零。

实际的结构在载荷作用下要产生位移及相应的内力和变形，而虚位移指的是结构附加的满足约束条件及连续条件的无限小可能位移。虚位移的"虚"字表示它与真实的受力结构的真实位移无关。对于虚位移要求是微小位移，要求在产生虚位移过程中不改变原受力平衡体的力的作用方向与大小，即受力平衡体平衡状态不因产生虚位移而改变。真实力在虚位移上做的功称为虚功。

虚功原理阐明，一个物理系统处于静态平衡，当且仅当所有施加的外力，经过符合约束条件的虚位移，所做的虚功的总和等于零。在这里，约束力就是牛顿第三定律的反作用力。因此，可以说所有反作用力所做的符合约束条件的虚功，其总和是零。

对变形体而言，虚功原理可表述为：变形体中满足平衡的力系，在任意满足协调条件的变形状态上做的虚功等于零，即体系外力的虚功和内力的虚功之和等于零。虚功原理又可表述为：如果在虚位移发生之前，变形体处于平衡状态，那么在虚位移发生时，外载荷在虚位移上所做的虚功就等于变形体的虚应变能（即应力在虚应变上所做的虚功），$\delta W = \delta U$。

虚位移是指假设的、约束条件允许的、任意的、无限小的位移，但它并未实际发生，只是说明产生位移的可能性，它的发生与时间无关，与变形体所受的外载荷无关。变形体的虚位移也必须满足变形协调条件和几何边界条件，前者限制变形体内部的变形状态，即保证变形体内部的连续性；后者限制变形体边界上一些质点的位移，即在结构边界上的几何条件。

更详细的说明是，虚功原理是虚位移原理和虚应力原理的总称。它们都可以认为是与某些控制方程相等效的积分"弱"形式。虚位移原理是平衡方程和力的边界条件的等效积分"弱"形式；虚应力原理是几何方程和位移边界条件的等效积分"弱"形式。

虚位移原理的力学意义是如果力系是平衡的,则它们在虚位移上所做功的总和为零;反之,如果力系在虚位移(及虚应变)上所做功之和等于零,则它们一定是满足平衡的,所以虚位移原理表述了力系平衡的必要而充分的条件。

　　虚应力原理的力学意义是如果位移是协调的,则虚应力和虚边界约束反力在位移上所做功的总和为零;反之,如果上述虚力系在位移上所做功之和等于零,则它们一定是满足协调的,所以虚应力原理表述了位移协调的必要而充分的条件。

　　还应指出的是,在导出虚功原理过程中,未涉及物理方程,所以虚功原理不仅可以用于线弹性问题,还可以用于弹塑性等非线性问题。实际上,如果采用广义坐标、广义动量等概念,虚功原理还可以用于其他物理领域。

4.3.2　最小势能(或余能)原理

　　最小势能原理是虚位移原理的另一种形式。

　　根据虚位移原理,有 $\delta U - \delta W = 0$。

　　由于虚位移是微小的,在虚位移过程中,外力的大小和方向可以看成常量,只是作用点有了改变,这样有 $\delta(U - W) = 0$,令 $\Pi = U - W$,则 $\delta\Pi = 0$。其中 Π 称为弹性体的总势能。从数学观点来说,$\delta\Pi = 0$,表示总势能对位移函数的一次变分等于零。因为总势能是位移函数的函数,称为泛函,而 $\delta\Pi = 0$ 就是对泛函求极值。如果考虑二阶变分就可以证明:对于稳定平衡状态,这个极值是极小值,也就是最小势能原理。

　　因此最小势能原理可以叙述为:系统在给定外力作用下,在满足变形协调条件和位移边界条件的所有各组位移解中,实际存在的一组位移应使总势能成为最小值。最小势能原理表述了力系平衡的必要而充分的条件,就是说当一个体系的势能最小时,系统会处于稳定平衡状态。同样,当一个体系处于稳定平衡状态时,系统的势能最小。举个例子来说,一个小球在曲面上运动,当到达曲面的最低点位置时,系统就会趋向于稳定平衡。

　　采用最小势能原理和基于以节点位移为基本未知量的位移元是固体力学有限元法中应用最广泛、最成熟的一种选择。现行的有限元通用程序几乎无例外地都以位移元作为它最主要的甚至是唯一的单元形式。

　　最小余能原理可表述为:系统在真实状态下所具有的余能,恒小于与其他可能的应力相应的余能。其中可能应力是指满足平衡方程和力的边界条件的应力。它实质上等价于系统变形连续条件,可作为有限元法计算的基础。它和最小势能原理是等价的。

　　最小余能原理与最小势能原理的基本区别在于:最小势能原理对应于系统的平衡条件,以位移为变化量;而最小余能原理对应于系统的变形协调条件,以力为变化量。

4.3.3 最小作用量原理与能量极值原理和牛顿定律之间的关系

实际上,虚功原理、最小势能原理和最小余能原理都是等价的。

虚功原理、拉格朗日方程及哈密顿原理是分析力学的主要内容。分析力学不同于在牛顿定律基础上建立起来的矢量力学,它的特点是以确定位形空间的广义坐标代替矢径,以能量和功的描述代替力矢量的分析,然后利用微积分和变分的数学分析方法,表述出力学统一的原理和公式。

分析力学也称为广义理论力学,是研究客观物理世界的思路、原理和数学方法,应包括 3 个部分,即矢量力学、分析静力学和分析动力学。矢量力学的基础是牛顿三个定律,它确定了质量、力、位移、速度、加速度之间的关系;分析静力学的基础是虚功原理,它确定了静止状态下系统能量状态及其变化关系;而分析动力学的基础是最小作用量原理,它确定了系统真实状态和其他可几状态下作用量之间的关系。应用达朗贝尔原理可以将动力学问题转化为静力学问题来处理。

可以这样理解,系统处于静止状态是系统处于运动状态的特例(因为绝对静止是不存在的),系统处于运动状态时遵循最小作用量原理,系统处于静止状态时既遵循最小作用量原理,也遵循能量极值原理,所以能量极值原理是最小作用量原理的一个特例,或者说是一个蜕变。图 4.2 是能量极值原理示意图,它表明真实静止状态系统的能量处于最低点。考虑到围绕真实状态点的可能的系统能量变化有多种,若按照图中能量曲线变化,则可得到最小势能原理或最小余能原理;若按照图中水平切线变化,则可得到虚功原理。图 4.2 又可理解为是对能量极值原理的几何解释,也是对"虚功原理、最小势能原理和最小余能原理都是等价的"这一结果的几何说明。前面提到的里兹变分对应于最小势能原理或最小余能原理,是对能量极值原理的曲线描述;而伽辽金变分对应于虚功原理,是对能量极值原理的切线描述。

与图 4.1 相比较,可见动态系统的作用量蜕变成静态系统的能量,动态系统的可几状态蜕变成静态系统广义坐标的可几位移(虚位移或虚应力)。图 4.1 中 BC 段表示系统处于静止状态。图 4.1 是个三维图,图 4.2 是个二维图,这个二维图相当于是三维图由固定时间简化得来的,这时作用量蜕变为能量,可几状态变为广义坐标的可几位移。

最小作用量原理作为公理是不能被证明的,能量极值原理可由最小作用量原理推得,同样,牛顿定律可由最小作用量原理或能量极值原理推得,这样它们都是等价的,但它们的应用范围有所不同。最小作用量原理适用于任何状态的物理系统(除了和熵增原理的关系不清楚外),能量极值原理适用于处于静止(平

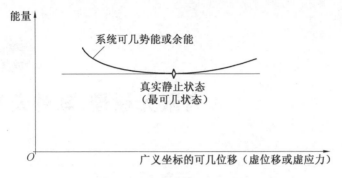

图 4.2 能量极值原理示意图

衡)状态的物理系统,而牛顿定律只适用于机械系统。按层次分类,显然最小作用量原理处于高的层次,能量极值原理次之,而牛顿定律处于更低一点的层次。最小作用量原理要用三维图来描述,能量极值原理要用二维图解释,牛顿定律只需要用一维矢量就可以说明。由此可见,用能量极值原理去证明最小作用量原理,用牛顿定律去证明能量极值原理等就像用牛顿定律去证明能量守恒定律一样是不合适的。另外强调一点,有限元法或有限元软件的基本原理是能量极值原理,是变分原理,也就是最小作用量原理。

思考题与习题

1. 什么是最小作用量原理?简述一下它的发展过程。

2. 最小作用量原理都有哪些应用?它在现代物理中处于一个怎样的地位?

3. 最小作用量原理的意义是什么?

4. 最小作用量的单位是什么?它和量子力学中普朗克常数的单位是一致的吗?对此你会有怎样的联想呢?

5. 什么是能量极值原理?你怎样理解和说明能量极值原理和最小作用量原理之间的关系?

6. 牛顿定律与能量极值原理是怎样的一种关系?

7. 牛顿定律的出发点是力和加速度,是矢量;能量极值原理的出发点是能量,是标量;最小作用量原理的出发点是能量×时间,也是标量。这 3 种出发点不在同一个层面上,会使你有怎样的联想和启发?

第 5 章

有限元原理、软件及其使用

本章简明扼要地阐述了有限元法的基本思路及其基本原理,概括地介绍了常用的商业有限元软件的功能和使用范围,之后,通过几个例题,详细地说明了各种软件具体的使用方法,这些例题对读者尽快掌握各种软件的使用是一个很好的示范和参考。

5.1　有限元原理

5.1.1　有限元法及其发展概况

有限元法(Finite Element Method)是一种十分有效、成熟、通用性强而被广泛使用的计算方法,是 20 世纪中期兴起的应用数学、力学及计算机科学相互渗透、综合利用的成果。

有限元法是建立在待定的场函数离散化基础上,求解边值或初值问题的一种数值方法。有限元法在早期是以变分原理为基础发展起来的,被认为是可以广泛应用于与泛函极值问题有紧密联系的物理场中的。泛函极值问题就是最小作用量原理。自从 1969 年以来,有学者在流体力学中应用加权余量法中的伽辽金法或最小二乘法等也获得了有限元方程,因而有限元法可应用于以任何微分方程所描述的各类物理场中。

许多工程分析问题,如固体力学中的位移场和应力场分析,电磁学中的电磁场分析和振动特性分析,传热学中的温度场分析,流体力学中的流场分析等,都可归结为在给定边界条件下求解其控制方程(常微分方程或偏微分方程)的问题,但能用传统的解析方法求出精确解的只是方程性质比较简单且几何边界相当规则的少数问题。对于大多数的工程技术问题,由于物体的几何形状较复杂或者问题的某些非线性特征,很少能得到解析解。如果引入简化假设,将方程和边界条件简化为能够处理的问题,就可以得到它在简化状态的解。但是这种方法只在非常有限的条件下是可行的,因为过多的简化可能导致不正确的甚至错误的解,比如塑性力学中的主应力法和滑移线法等就是简化得过多,以至于没有了应用价值和意义。实际上,许多工程问题只需要给出数值解答即可。因此,人们希望在广泛吸收现代数学、力学理论的基础上,借助于计算机来获得满足工程要求的数值解,这就催生出了数值解法,并不断地促使其发展和进步,而数值解法及其相应的软件技术又是现代工程学形成和发展的重要推动力之一。

力学中的数值解法有两大类型,其一是对微分方程边值问题直接进行近似数值计算,这一类型的代表是有限差分法;其二是在与微分方程边值问题等价的泛函变分形式上进行数值计算,这一类型的代表是有限元法。

有限差分法的前提条件是建立问题的基本微分方程,然后将微分方程化为差分方程(代数方程)求解,这是一种数学上的近似。有限差分法能处理一些物理机理相当复杂而形状比较规则的问题,但对于几何形状不规则或者材料不均匀的情况以及复杂边界条件,有限差分法就显得非常困难,因而有限差分法有很大的局限性,不具有通用性,发展空间不大。

有限元是那些集合在一起能够表示实际连续域的、离散的、有限个数的单元。有限元法的基本思想是里兹法与分片近似,即用近似函数表示单元内的真实场变量,从而给出离散模型的数值解。由于是分片近似,可采用较简单的函数作为近似函数,有较好的灵活性、适应性与通用性。当然有限元法也有其局限性,如对于应力集中、裂缝体分析与无限域问题等的分析都存在缺陷。为此,人们又提出一些半解析方法,如有限条带法与边界元法等。

与有限差分法相比,有限元法更具有物理概念清晰、处理问题灵活、适用各种复杂边界条件的优点。

有限元的概念早在几个世纪前就已产生并得到了应用,例如用多边形(有限个直线单元)逼近圆来求得圆的周长,但作为一种方法被提出,则是近几年的事。有限元法起源于 20 世纪 40 年代至 50 年代发展起来的杆系结构矩阵位移法。1941 年,Hrenikoff 首次提出用框架方法求解力学问题,这种方法仅限于用杆系结构来构造离散模型。1943 年,Courant 第一次应用定义在三角区域上的分片连续多项式函数和最小位能原理来求解扭转问题,这是第一次用有限元法来处理连续体问题。1956 年,Turner、Clough 等人在分析飞机结构时,将钢架位移法推广应用于弹性力学平面问题,给出了用三角形单元求得平面应力问题的正确答案。他们的研究工作开始了利用电子计算机求解复杂弹性力学问题的新阶段。1955 年,德国的 Argyris 教授发表了一组关于能量原理与矩阵分析的论文,奠定了有限元法的理论基础。1960 年,Clough 进一步处理了平面弹性问题,并第一次提出了"有限元法",使人们认识到它的功效。

此后,大量学者、专家开始使用这一离散方法来处理结构分析、流体分析、热传导、电磁学等复杂问题。从 1963 年到 1964 年,Besseling、卞学璜等人认为有限元法实际上是弹性力学变分原理中瑞利—里兹法的一种形式(早在 1870 年,英国科学家瑞利就采用假想的"试函数"来求解复杂的微分方程,1909 年里兹将其发展成为完善的数值近似方法),从而在理论上为有限元法奠定了数学基础,确认了有限元法是处理连续介质问题的一种普遍方法,扩大了其应用范围。1967 年,Zienkiewicz 和 Cheung 出版了第一本关于有限元分析的著作。

20 世纪 50 年代,我国的力学和计算数学等都刚刚起步,在对外隔绝的情况下,我国科学家对有限元法获得了独立的研究结果。早在 1954 年,胡海昌就提出了弹性力学的变分原理,是和日本学者鹫津久一郎分别独立提出来的,被国际上称为胡—鹫变分原理,这个最一般的变分原理成为有限元法中杂交元和混合元法的基础。冯康等人的研究解决了大量的有关工程设计应力分析的计算问题,积累了丰富的经验,并于 1965 年在《应用数学与计算数学》上发表了《基于变分原理的差分格式》论文,这是我国独立于国外并系统地创始了有限元法的标志。其他科学工作者,如钱伟长最先研究了拉格朗日乘子法与广义变分原理之间的关系,钱令希研究了力学分析的余能原理等,他们的研究成果得到了国际学术界的认可。

国外在有限元法的发展中没有停步,对有限元法的研究更加深入,涉及内容包括数学和力学领域所依据的理论、单元划分的原则、形函数的选取、数值计算方法及误差分析、收敛性和稳定性研究、计算机软件开发、非线性问题、大变形问题等。在 1960~1970 年,有一批学者对有限元法的数学基础进行了深入研究,完成了基于变分原理的有限元法基础理论及公式推导,解决了线性问题有限元法的数学原理。1972 年,Oden 出版了第一本关于处理非线性连续体的著作。一方面,有限元理论得到了迅速发展,并应用于多种物理问题上,成为分析大型、复杂工程问题的强有力手段;另一方面,随着计算机技术的发展,有限元法中的大量计算工作都由计算机来完成,从而促进了各种商业有限元软件的产生,例如,1966 年,由美国国家航空航天局提出了世界上第一套泛用型的有限元分析软件 Nastran;1969 年,由加利福尼亚大学伯克利分校的 Wilson 开发出线性有限元分析程序,即 SAP;1969 年,由 John Swanson 开发出了 ANSYS 软件。20 世纪 70 年代初,由 Marcal 等人推出了商业非线性有限元程序 MARC;由 Hibbitt 等人于 1978 年推出了 ABAQUS 软件等。而这期间国内的发展比较缓慢,一直没有大的起色,尤其是在软件开发方面,远远落后于国外的发展。

进入 21 世纪后,多种大型通用的有限元软件系统被相继开发、完善和应用。据不完全统计,全球有超过 200 种软件被使用。

有限元软件通常可分为通用软件和行业专用软件。通用软件适应性广,规格规范,输入方法简单,有比较成熟、齐全的单元库,大多提供了二次开发的接口。通用软件可对多种类型的工程和产品的物理力学性能进行分析、模拟、预测、评价和优化,以实现产品技术创新,它以覆盖的应用范围广而著称。目前在国际上被市场认可的通用有限元软件主要包括 MSC 公司的 MARC、ANSYS 公司的 ANSYS、HKS 公司的 ABAQUS、ADINA 公司的 ADINA、SAMTECH 公司的 SAMCEF、SRAC 公司的 COSMOS、ALGOR 公司的 ALGOR、EDS 公司的 I—DEAS、LSTC 公司的 LS—DYNA,这些软件都有各自的特点。在行业内,一般将其分为线性分析软件、一般非线性分析软件和显式高度非线性分析软件,例如 MARC、ANSYS、I—DEAS 都在线性分析方面具有自己的优势,而 MARC、ABAQUS 和 ADINA 则在隐式非线性分析方面各具特点,其中 MARC 被认为是优秀的隐式非线性求解软件。MSC. Dytran、LS—DYNA、ABAQUS/Explicit 等则是显式算法非线性分析软件的代表。LS—DYNA 在结构分析方面见长,是汽车碰撞仿真和安全性分析的首选工具;而 ADINA 则在流—固耦合分析方面见长,在汽车缓冲气囊和国防领域应用广泛。

还有一些行业专用软件,在解决专有问题时显得更为有效。例如铸造模拟软件 PROCAST、ANYCASTING 和华铸 CAE 等,疲劳分析软件 MSC.Fatigue,岩土工程设计分析软件 GeoStudio,材料加工模拟软件 DEFORM,电磁场仿真软件 ANSOFT,流场模拟软件 FLUENT 等。

有限元法利用简单而又相互作用的单元,即用有限数量的未知量去求解大量未知量的真实系统,不仅计算精度高,还能适应各种复杂形状、最初应用于航空器的结构强度计算。由于其方便、实用和有效,引起了从事力学、数学等方面研究的科学家的浓厚兴趣。经过短短数十年的努力,并随着计算机技术的快速发展和普及,有限元法被迅速扩展到几乎所有的科学技术领域,成为一种丰富多彩、应用广泛并且实用高效的数值分析方法。

有限单元法从 20 世纪 40 年代发展至今,经过 70 多年的发展和创新,已经成为科学计算必不可少的工具。其应用已由弹性力学平面问题扩展到空间问题、板壳问题,由静力平衡问题扩展到稳定问题、动力问题和波动问题。分析的对象从弹性材料扩展到塑性、黏弹性、黏塑性和复合材料等,从固体力学扩展到流体力学、渗流与固结理论、热传导与热应力问题、电磁场问题及建筑声学与噪声问题。其不仅涉及稳态场问题,而且涵盖材料非线性、几何非线性、时间问题和断裂力学问题等。有限元理论与计算机科学的完美结合成为现代力学的重要标志。

目前,从学科发展上看,有限元法在原理上已基本成熟,方法也逐步趋于完善,但在深化理论基础、构造优质单元、扩展应用范围、提高计算效率与精度等方面仍有发展的余地。特别是对于复杂系统行为的过程模拟计算,有限元法仍面临巨大的挑战。从应用技术上看,已开发出很多商业化的有限元分析软件。一般分析问题均可采取通用程序或专用程序求解。为了合理有效地使用软件,必须对有限元法的基本原理与方法有相当程度的理解;否则,现成的软件就只能是一个黑箱,使用者将面临很多困难。

5.1.2　有限元原理

1.有限元法分析问题的基本步骤

对于不同物理性质和数学模型的问题,有限元分析的基本步骤是相同的,只是具体公式推导和运算求解不同。有限元法分析问题的基本步骤如下:

(1)针对实际的物理问题,通常可以用一组包含问题状态变量边界条件的微分方程式表示。根据变分原理或加权余量法,将微分方程化为等价的泛函形式,建立积分方程,并建立相应的有限元方程,这是有限元法的出发点。如果应用有限元软件来完成有限元分析,那么这一步在软件编制时就已经完成。针对具体问题编制软件,就必然会应用相应的基本原理,这样的软件也就决定了其所能分析问题的类型或使用范围。

(2)根据实际问题近似确定求解域的几何区域和物理性质。

(3)求解域离散化及确定单元基函数。根据求解区域的形状及实际问题的物理特点,将区域剖分为若干相互连接、不重叠的单元,也称为有限元网络划分。单元的形状原则上是任意的。二维问题一般采用三角形单元或矩形单元,三维空间可采用四面体或多面体等。每个单元的顶点称为节点。

这是有限元法的前期准备工作,工作量比较大,除了给计算单元和节点进行编号和确定相互之间的关系之外,还要表示节点的位置坐标,同时还需要列出自然边界和本质边界的节点序号及相应的边界值。之后根据单元中节点数目及对近似解精度的要求,选择满足一定插值条件的插值函数作为单元基函数。有限元方法中的基函数是在单元中选取的,由于各单元具有规则的几何形状,在选取基函数时可遵循一定的法则。显然,单元越小(网格越细),则离散域的近似程度越好,计算结果也越精确,但计算量及误差都将增大,因此求解域的离散化是有限元法的核心技术之一。

(4)单元分析。将各个单元中的求解函数用单元基函数的线性组合表达,再将求解函数代入积分方程,并以某种方法给出单元各状态变量的离散关系,可获得含有待定系数(即单元中各节点的参数值)的代数方程组,称为单元有限元方程,从而形成单元刚度矩阵。这里提到的某种方法就是有限元的基本原理,也就是变分原理。

(5)总体合成。在得出单元有限元方程之后,将区域中所有单元有限元方程按一定法则进行累加,形成总体有限元方程,也得到了总体刚度矩阵。一般来说,这个总体刚度矩阵是对称的、奇异的、稀疏的,其非零元素呈带状分布。

(6)边界条件的处理。一般边界条件有 3 种形式,即本质边界条件、自然边界条件及混合边界条件。对于自然边界条件,一般在积分表达式中可自动得到满足。对于本质边界条件和混合边界条件,需按一定法则对总体有限元方程进行修正满足。修正后的总体刚度矩阵是正定的,方程组是唯一的。

(7)解总体有限元方程。根据边界条件修正的总体有限元方程组,是含所有待定未知量的封闭方程组,一般采用数值迭代法,可求得各节点的状态变量的近似值。对于计算结果的质量,将通过与设计准则提供的允许值进行比较来评价并确定是否需要重复计算。

应用有限元软件时,首先选择适宜的有限元软件或模块,确定所要解决问题的类型,这就完成了步骤(1)。在使用这个软件时,可具体分成 3 个阶段,即前处理、计算求解和后处理。前处理包括选择具体的模块,建立有限元模型,确定单元类型,完成单元网格划分,也就是完成了步骤(2)和(3);计算求解完成步骤

(4)～(7);后处理则是采集处理分析结果,使用户能简便提取信息,了解计算结果。

步骤(1)是确定所要解决问题的类型及选择的软件;步骤(2)和步骤(3)是数学问题;步骤(4)是力学问题,即有限元的核心问题,也是其基本原理的应用;步骤(5)～(7)仍然是数学问题。

在结构分析中,从选择基本未知量的角度来看,有限元法可分为3类,即以位移作为未知量的位移法、以应力作为未知量的应力法、一部分位移和一部分应力分别作为未知量的混合法。位移法应用最小势能原理确立单元刚度矩阵;应力法应用最小余能原理;混合法则应用修正的能量原理或广义变分原理。其中位移法易于实现计算自动化(应力法的单元插值函数难以寻求),在有限元法中应用范围最广,有限元的早期工作主要集中于此法。目前,这种方法仍是最成功和应用最广泛的。对于结构力学特性的分析而言,其理论基础是能量极值原理。

2. 有限元法的推理途径

依据单元刚度矩阵的推导方法可将有限元法的推理途径分为直接刚度法、变分法(能量极值原理)和加权余量法。

(1)直接刚度法。直接刚度法直接进行物理推理,利用牛顿定律,确定单元的节点力和节点位移的关系,即得到刚度矩阵。这个方法的优点是物理概念清楚,易于理解,但只能用于研究较简单的单元的特性,应用范围极窄,不具有通用性。

(2)变分法。变分原理是有限元法的主要理论基础之一,涉及泛函极值问题,既适用于形状简单的单元,也适用于形状复杂的单元。首先建立表达单元势能或余能或其他作用量的泛函式,然后利用变分原理求出泛函的极值,得到单元的力和变形的关系,即刚度矩阵。这使有限元法的应用扩展到类型更为广泛的工程问题。当给定的问题存在经典变分叙述时,这是最方便的方法。有些物理问题可以直接用变分原理的形式来叙述,如表述力学体系平衡问题的最小势能原理和最小余能原理等。这时应用里兹变分,即应用最小势能原理,可以得出单元的节点力与节点位移的关系,即可得到刚度矩阵。

利用最小势能原理求得的位移近似解的弹性变形能是真实解变形能的下界,即近似的位移场在总体上偏小,也就是说,结构的计算模型显得偏于刚硬;而利用最小余能原理求得的应力近似解的弹性余能是真实解余能的上界,即近似的应力解在总体上偏大,也就是说,结构的计算模型显得偏于柔软。

最小势能原理和最小余能原理都属于自然变分原理。在自然变分原理中,试探函数事先应满足规定的条件。例如,最小势能原理中的试探函数—位移应事先满足几何方程和给定的位移边界条件;最小余能原理中的试探函数—应力应事先满足平衡方程和给定的外力边界条件。

实际上,并非所有以微分方程表达的连续介质问题都存在或能找到这种变分原理。如果这些条件未能事先满足,则需要利用一定的方法将它们引入泛函,使有附加条件的变分原理变成无附加条件的变分原理。这类变分原理称为约束变分原理,或广义变分原理。利用广义变分原理可以扩大选择试探函数的范围,从而提高利用变分原理求解数学物理问题的能力。

(3)加权余量法。当给定问题的经典变分原理不清楚时,须采用更为一般的方法,如利用加权余量法来推导单元刚度矩阵。加权余量法将假设的场变量的函数称为试函数,引入问题的控制方程(基本微分方程)及边界条件,利用伽辽金方法等使误差最小,便得到近似的场变量函数形式。加权余量法中有不同的具体方法,其中以伽辽金法效果最好,应用最广。从广义上讲,加权余量的积分也是一种泛函,所以伽辽金法也就是伽辽金变分,针对弹性力学问题,其应用的背景原理是虚功原理。能用前面提到的里兹法求解的问题都能用伽辽金法求解,但能用伽辽金法求解的问题有些却不能用里兹法求解。当微分方程是对称正定时,两者是等价的。虽然伽辽金变分同里兹变分不同,但最后的结果是一致的。两种变分原理都遵循能量极值原理,也就是都遵循最小作用量原理,这也说明最小作用量原理是有限元法的最基本原理。最小作用量原理、变分原理、能量极值原理以及能量守恒原理等,相当于数学中的公理,是力学或物理学中的公理,是逻辑推导的出发点。它们不是定理,不能用逻辑推理的方法加以证明。

加权余量法由问题的基本微分方程出发而不依赖于泛函,可处理已知的基本微分方程却暂时找不到泛函的问题,如流固耦合问题,从而进一步扩大了有限元法的应用范围。

3. 单元

在有限元法中,单元类型及其分析是核心。有限元的最主要内容是研究单元,就是依据有限元基本原理对各种单元构造出相应的单元刚度矩阵。如果采用直接法来进行构造,会非常烦琐或不可能实现,而采用能量极值原理或加权余量法则比较容易成功,这种方法可以针对任何类型的单元进行构建,以得到相应的刚度矩阵。

单元的种类和选择对模拟计算的精度与效率有重大的影响。每一个单元都由下面几个特性来表征:单元族、自由度、节点数、数学描述和积分方案。

单元族包括实体单元、壳单元、梁单元、杆单元、刚体单元、膜单元、无限单元和特殊目的单元(弹簧单元、阻尼单元)等,如图 5.1 所示。

自由度是分析计算中的基本变量。对于应力-位移分析,自由度是每一节点处的平动;而对于壳单元和梁单元,还包括各节点的转动。对于热传导分析,

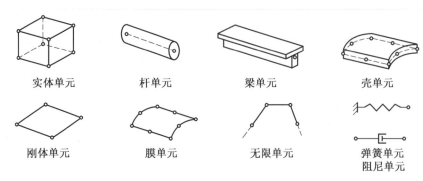

实体单元　　　　　杆单元　　　　　梁单元　　　　　壳单元

刚体单元　　　　　膜单元　　　　　无限单元　　　弹簧单元
　　　　　　　　　　　　　　　　　　　　　　　　　阻尼单元

图 5.1　单元类型

自由度为每一节点处的温度。因此,热传导分析要求应用与应力分析不同的单元。

有限元仅在单元的节点处计算它的自由度,单元内部则通过插值获得。插值函数的阶数由单元节点数目确定。有限元中某些单元族包含了几种采用不同数学模型的单元。如壳单元有 3 种类型:一种适用于一般性目的的壳体,一种适用于薄壳,另一种适用于厚壳。对于大部分单元,有限元运用高斯积分方法,可以计算出每一个单元内每一个积分点处的材料响应。

根据分析对象和求解精度的不同,需要选择不同类型的单元。而每一个类型的单元又包括一些基本单元,如一维单元、二维单元、三维单元,如图 5.2 所示。其中一维单元主要用于杆系结构的分析,主要有两节点和三节点两种类型的单元;二维单元主要用于平面连续体问题分析,其单元形状通常有三角形和四边形,还有轴对称的三角形圆环单元和四边形圆环单元;三维单元主要用于空间连续体问题分析,主要有四面体和六面体等。单元划分的多少,则需根据求解问题的精度和计算效益来决定。对于线性静力分析,单元划分得越多,其精度越高,但所需要的计算时间也随之增加。但对于非线性分析,单元的多少还涉及求解的收敛问题,并不是单元越多精度越高,因为单元太多有可能引起求解时不收敛。此外,单元划分时应注意各边长度尽量相等。

实质上,单元的类型决定了是用什么样的试函数去近似描述实际问题。实际问题千差万别,因此也不可能有某种单元是通用的、万能的。各种单元有各自的特点和适用范围。针对某个问题,自然有最适合此问题的单元。这些经验要靠不断实践加以积累。

以节点位移为基本未知量,以最小势能原理为基础的有限元位移协调模型,是有限元中最基本、最常用的单元;以节点应力为基本未知量,以最小余能原理为基础的有限元单元的应用很少。这两类单元都只有一个变量,称为单变量有限元。事实上,固体力学的基本未知量有位移、应变和应力。采用拉格朗日乘子法可以构造含有两类或三类变量的广义变分原理,由此导出的有限元模型,称为

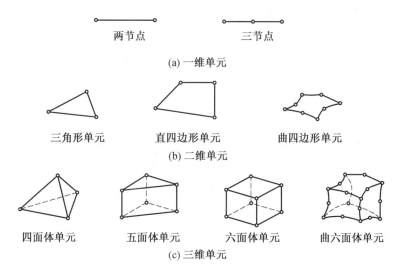

图 5.2　各种维数、形状单元

混合模型。将单元间必须满足的协调性条件引入变分原理中,对应的有限元模型称为杂交模型。通过拉格朗日乘子法将基本方程的一部分和单元间协调性条件的一部分由变分原理解除,而其余的方程作为加强约束,可以得到各种各样的混合—杂交模型。杂交模型的提出最早是为了解决板弯曲问题中的位移协调困难。因为板弯曲问题中的控制方程是四阶微分方程,后来发现这些模型对处理二阶控制方程的问题也具有优势。多类变量有限元法获得了极大的成功,并在实际应用中显示出显著优点。当然,这种方法仍在发展中。

　　此外,针对不同问题的特殊性,还可以构造出各种各样的特殊单元,如界面元、奇异元、无限元和刚性元等。界面元用于模拟岩石力学的解理或者复合材料中极薄的界面层等;奇异元用于模拟裂纹尖端应力场的奇异性;无限元用于地基或电磁场等开放边界问题;刚性元用于模拟界面或裂纹的扩展以及刚体之间的相对运动等。

　　弹性力学经典的变分原理有一类变量的最小势能原理、最小余能原理和虚功原理、二类变量的 Hellinger—Reissner 变分原理、三类变量的胡—鹫变分原理。其中,Hellinger—Reissner 变分原理以位移和应力两类变量为自变量,应变仍由其几何方程求得。胡—鹫变分原理以位移、应变和应力共 3 类变量为自变量,涵盖了平衡方程、几何方程与应力—应变关系。

　　不同的单元对应于不同的变分原理,如协调位移元(采用在单元间精确协调位移试函数)对应于最小势能原理;非协调位移元(采用在单元间不精确协调位移试函数)对应于分区势能原理;广义协调位移元(采用在单元间广义协调位移试函数)对应于分区势能原理退化形式;应力杂交元(采用应力试函数,满足平衡微分方程)对应于最小余能原理;混合元(采用混合试函数,含位移、应力和应变)对应于广义变分原理;分区混合元(部分单元采用位移试函数,其余采用应力试函数)对应于分区混合能量原理。这些变分原理都得到了广泛应用。

一个物理问题的"积分方程(泛函)等价于微分方程"意味着两者都是对同一个物理问题的描述,对于有些问题它们之间可以转化,有些却不能转化。泛函变分可以利用有限元法(里兹变分原理)转化为线性有限元方程组,从而求出数值解,而微分方程则很难直接得到解析解。微分方程通过加权余量法,尤其是伽辽金变分,也可以得到线性有限元方程组,求出数值解。

各种有限元法解决问题的过程可以用图 5.3 所示的流程来进一步说明。

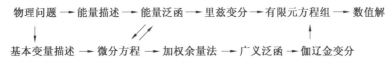

图 5.3　有限元法解决问题的流程

一般来讲,能量泛函取极值时的必要条件就是欧拉方程成立,而欧拉方程在一般情况下就是微分方程。微分方程是能量泛函取极值的必要条件,但不是充分条件。只有当微分方程是对称正定的,才可以由微分方程得到泛函表达式,否则,微分方程只能通过伽辽金变分获得有限元方程,进而求解。

针对不同的物理问题,有不同层次的描述。以基本变量为主的描述是微分方程,而以能量为主的描述是积分方程。对积分方程应用最小作用量原理,就得到了不同的变分原理,即不同的有限元原理,见表 5.1。

表 5.1　各种物理问题的微分方程、积分方程和变分原理

物理问题	微分方程	积分方程	变分原理
固体力学	平衡方程;几何方程;物理方程	能量泛函; 加权余量法	里兹变分; 伽辽金变分
传热传质	热传导方程;对流换热方程;热辐射方程;扩散方程	加权余量法	伽辽金变分
电磁学	麦克斯韦方程组	能量泛函; 加权余量法	里兹变分; 伽辽金变分
流体力学	连续方程;纳维－斯托克斯方程;能量方程;状态方程	功率泛函; 加权余量法	伽辽金变分

5.1.3　有限元法的应用

20 世纪 70 年代以来,有限元法进一步得到了蓬勃发展,其应用范围扩展到所有工程领域,成为连续介质问题数值解法中最活跃的分支。由变分法有限元

扩展到加权余量法有限元,由弹性力学平面问题扩展到空间问题、板壳问题,由静力平衡问题扩展到稳定性问题、动力问题和波动问题,由线性问题扩展到非线性问题,分析的对象从弹性材料扩展到塑性、黏弹性、黏塑性和复合材料等,由结构分析扩展到结构优化乃至设计自动化,从固体力学扩展到流体力学、传热传质学、电磁学等领域。有限元法的工程应用见表 5.2 和表 5.3。

在结构工程、航空工程等方面,人们常用有限元法对梁、板壳进行结构分析,对各种复杂结构进行二维、三维应力分析,研究应力波的传播特性和各种结构对非周期荷载的动态响应,并对结构进行稳定性分析,研究结构的固有频率和振型等。

表 5.2　有限元法在结构分析中的应用

结构分析	应用
静力分析	线性问题 非线性问题:弹塑性、大变形、蠕变、超弹性、岩土、钢筋混凝土等
动力分析	瞬态动力:跌落、碰撞、穿透、爆炸、失效、裂纹扩展、成形、焊接、运动等 模态分析:固有频率、预应力、循环对称、复模态等 谐波响应:风载荷、浪载荷等 响应谱:单点响应谱、多点响应谱等
屈曲分析	随机振动:地震分析等 线性屈曲:失稳载荷等 非线性屈曲:失稳载荷、过屈曲分析等
运动学分析	连杆机构运动学分析等
疲劳寿命分析	各种疲劳
断裂力学分析	应力集中因子、J 积分等

表 5.3　有限元法在场分析中的应用

场	应用
温度场	稳态、瞬态、线性或非线性问题:传导、对流、辐射、相变、热—结构等
电磁场	静磁场、瞬态磁场、高频时变磁场、电磁兼容、电磁屏蔽、电流传导、静电场、瞬态电场、耦合电路、电磁场等
流场	层流、湍流、可压缩流、不可压缩流、牛顿流、非牛顿流、自由面流体分析、管流、势流、渗流等
声学场	声波在介质中的传播、压力波特性、噪声及发声设备的分析等
压电场	时变电载荷及机械载荷等

在土力学、岩石力学、基础工程学等领域,常用有限元法研究填筑和开挖问

题、边坡稳定性问题、土壤与结构的相互作用，坝、隧洞、钻孔、涵洞、船闸等的应力分析，土壤与结构的动态相互作用，应力波在土壤和岩石中的传播问题等。

在流体力学、水利工程学等领域，常用有限元法研究流体的势流、流体的黏性流动、蓄水层和多孔介质中的定常渗流、水工结构和大坝分析、流体在土壤和岩石中的稳态渗流、波在流体中的传播、污染的扩散问题等。

在电磁学、热传导领域，常用有限元法研究固体和流体中的稳态温度分布、瞬态热流问题，对二维和三维时变、高频电磁场进行分析等。

有限元法不仅具有结构、流体、热、电磁场的单场分析功能，还能够对多物理场的耦合进行分析。当然耦合分析技术还在发展完善之中，有些复杂问题目前还很难模拟，例如空间飞行系统响应的模拟、核反应堆在事故工况下响应的模拟、多场耦合作用分析等。在各种复杂问题中，有些实质性的问题（例如本构方程）并不属于有限元法的范围，但其发展仍需有限元技术的提高与适时参与。

5.2 部分商业软件介绍

有限元法概念简单、原理清楚，但是具体操作工作量大，而且十分复杂。有限元软件恰恰就解决了这些问题，而且解决得很好。有限元软件是有限元法概念、方法、原理、具体操作、运算、结果显示等的集大成者。

大型有限元软件以功能强、使用方便、结果可靠和效率高而逐渐形成新的技术商品，成为工程问题强有力的分析工具，已覆盖了结构力学、热力学、流体力学和电磁学等许多领域。目前的商用软件不仅分析功能全面，其使用也非常方便，只要有一定基础的用户都可以在不长的时间内分析实际工程项目，这就是它能被迅速推广的主要原因之一。

有限元软件可以分为通用软件和专用软件两类。通用软件适应性广，规格规范，输入方法简单，有比较成熟齐全的单元库，大多提供二次开发的接口。但是，针对某些特定领域、特定问题开发的专用软件，在解决专有问题时显得更为有效。不管是通用软件还是专用软件，其分析过程都包括前处理、分析计算及后处理这 3 个步骤。目前常用的有限元软件有 ABAQUS、ANSYS、DEFORM、DYNAFORM、MSC Marc、MATLAB 等。这些软件都有各自的特点。

5.2.1 ABAQUS

ABAQUS 是美国 HKS 公司的产品，是先进的通用有限元系统，也是功能最强大的有限元软件之一。其最新版本是 ABAQUS 6.14。ABAQUS 有两个主要分析模块：ABAQUS/Standard 提供了通用的分析能力，如应力和变形、热交换、质量传递等;ABAQUS/Explicit 对时间进行显示积分求解,为处理复杂接触问题提供了有力的工具,适合分析短暂、瞬时的动态事件。ABAQUS 软件在求解非线性问题时具有非常明显的优势,它是一个协同、开放、集成的多物理场仿真平台,支持 FORTRAN 或 VC++的二次开发。

ABAQUS 包含一个丰富的、可模拟任意几何形状的单元库,并拥有各种类型的材料模型库,可以模拟典型工程材料的性能,包括金属、橡胶、高分子材料、复合材料、钢筋混凝土、可压缩超弹性泡沫材料以及土壤和岩石等地质材料。作为通用的模拟工具,ABAQUS 除了能解决大量结构(应力、位移)问题,还可以模拟其他工程领域的许多问题,例如热传导、质量扩散、热电耦合分析、声学分析、岩土力学分析(流体渗透、应力耦合分析)及压电介质分析。ABAQUS 可以分析复杂的固体力学结构力学系统,致力于解决该领域的深层次实际问题,特别是能够驾驭非常庞大复杂的问题和模拟高度非线性问题,同时还可以做系统级的分析和研究。ABAQUS 的系统级分析的特点相对于其他分析软件来说是独一无二的。

1. ABAQUS 软件的功能

ABAQUS 软件的功能主要包括线性分析、非线性分析和机构分析三部分。具体的分析主要有:

(1)静态应力－位移分析:包括线性、材料和几何非线性以及结构断裂分析等。

(2)动态分析黏弹性－黏塑性响应分析:黏塑性材料结构的响应分析。

(3)热传导分析:传导,辐射和对流的瞬态或稳态分析。

(4)质量扩散分析:静水压力造成的质量扩散和渗流分析等。

(5)耦合分析:热力耦合、热电耦合、压电耦合、流力耦合、声力耦合等。

(6)非线性动态应力－位移分析:模拟各种随时间变化的大位移、接触分析等。

(7)准静态分析:应用显式积分方法求解静态和冲压等准静态问题。

(8)退火过程分析:可以对材料退火热处理过程进行模拟。

(9)海洋工程结构分析:对海洋工程的特殊载荷,如流载荷、浮力、惯性力等,特殊结构,如锚链、管道、电缆等,特殊连接,如土壤－管柱连接、锚链－海床摩擦、管道－管道相对滑动等进行模拟。

(10)水下冲击分析:对冲击载荷作用下的水下结构进行分析。

(11)柔体多体动力学分析:对机构的运动情况及结构和机械的耦合进行分析,并可以考虑机构运动中的接触和摩擦。

(12)疲劳分析:根据结构和材料的受载情况统计进行生存力分析和疲劳寿

命预估。

（13）设计灵敏度分析：对结构参数进行灵敏度分析并据此进行结构的优化设计。

软件除具有上述常规和特殊的分析功能外，在材料模型、单元库和载荷、约束及连接等方面也具有强大的功能并各具特点：

（1）材料模型。

材料模型定义了多种材料本构关系及失效准则模型，包括：

①弹性、线弹性模型：可以定义材料的弹性模量、泊松比等弹性特性。

②正交各向异性模型：具有多种典型失效理论，用于复合材料结构分析。

③多孔结构弹性模型：用于模拟土壤和可挤压泡沫的弹性行为。

④亚弹性模型：可以考虑应变对模量的影响。

⑤超弹性模型：可以模拟橡胶类材料的大应变影响。

⑥黏弹性模型：适用于时域和频域的黏弹性材料。

⑦金属塑性模型：符合密塞斯屈服准则的各向同性和遵循 Hill 准则的各向异性的塑性模型。

⑧铸铁塑性模型：拉伸为 Rankine 屈服准则，压缩为密塞斯屈服准则。

⑨蠕变模型：考虑时间硬化和应变硬化定律的各向同性与各向异性蠕变模型。

⑩扩展的 Druker－Prager 模型：适合于沙土等粒状材料的不相关流动的模拟。

⑪Capped Drucker－Prager 模型：适合于地质、隧道挖掘等领域。

⑫Cam－Clay 模型：适合于黏土类土壤材料的模拟。

⑬Mohr－Coulomb 模型：这种模型与 Capped Druker－Prager 模型类似，但可以考虑不光滑、小表面的情况。

⑭泡沫材料模型：可以模拟高度挤压材料，可应用于消费品包装及车辆安全装置等领域。

⑮混凝土材料模型：包含了混凝土弹塑性破坏理论渗透性材料模型，提供了依赖于孔隙比率、饱和度和流速的各向同性和各向异性材料的渗透性模型。

⑯其他材料特性模型：这些特性包括密度、热膨胀特性、热导率和电导率、比热容、压电特性、阻尼以及用户自定义的材料特性等。

（2）单元库。

单元种类多达 562 种，它们可以分为九大类单元族，包括实体单元、壳单元、薄膜单元、梁单元、杆单元、刚体元、连接元及无限元，还包括其他特殊的单元等。这些单元对解决各种具体问题非常有效。另外，用户还可以通过用户子程序自定义单元的种类。

（3）载荷、约束及连接。

①载荷：载荷包括均匀体力、不均匀体力、均匀压力、不均匀压力、静水压力、旋转加速度、离心载荷、弹性基础、伴随力效应、集中力和弯矩、温度和其他场变量、速度和加速度等。

②约束及连接：除常规的约束外，还提供线性和非线性的多点约束，包括刚性链、刚性梁、壳体－固体连接、循环对称约束和运动耦合等。

2. ABAQUS 软件的组成

ABAQUS 软件主要由 ABAQUS/CAE、ABAQUS/Standard、ABAQUS/Explicit 这 3 个模块组成。其中 ABAQUS/CAE 是前后处理模块；ABAQUS/Standard 是隐式求解器模块；ABAQUS/Explicit 是显式求解器模块。

（1）ABAQUS/CAE。

使用 ABAQUS/CAE 的用户可以快速高效地创建、修改、监控、诊断以及可视化 ABAQUS 分析过程。ABAQUS/CAE 用户界面将建模、分析、任务管理和结果可视化功能集成为一个统一、易于操作的环境之下，不论对于初学者还是有经验的用户，都非常易学和高效，与目前流行的各种 CAD 软件具有良好的接口。

（2）ABAQUS/Standard。

ABAQUS/Standard 是通用有限元分析程序，适合求解静态和低速动力学问题，这些问题通常都对应力精度有很高的要求，例如静力学、低速动力学或稳态滚动分析。其具体包括：线性和非线性、时域和频域分析功能；稳定可靠的接触、约束和机构分析功能；并行处理、高效的直接和迭代求解器；与 ABAQUS/Explicit 结合，进行特殊过程模拟，如金属成型；最全面的分析功能，如各种耦合分析：热机械平衡的原理分析（热固耦合）；热电（焦耳加热）原理分析（热电耦合）；压电性能分析（电固耦合）；结构的声学研究（声固耦合）。

（3）ABAQUS/Explicit。

ABAQUS/Explicit 是通用的显式积分有限元程序，特别适合以模拟瞬态动力学为主的问题的有限元产品，例如电子产品的跌落、汽车碰撞。ABAQUS/Explicit 能够高效地求解包括接触在内的非线性问题和许多准静态问题，如金属的滚压成型、吸能装置的低速碰撞。其具体包括非线性动力学分析和准静态分析，完全耦合的热力学分析，简单和稳定的接触建模方法，并行处理技术，创建自适应网格，冲击和水下爆炸分析功能等。

ABAQUS/Explicit 的计算结果可以用于后续的 ABAQUS/Standard 分析。同样，ABAQUS/Standard 的计算结果也可以继续用于后续的 ABAQUS/Explicit 分析。

（4）ABAQUS/CFD。

ABAQUS/CFD 提供了计算流体动力学分析功能，ABAQUS/CAE 支持该求解器所有的前后处理需求。并行的 CFD 分析功能可以求解多数的非线性流体传热和流固耦合问题。

（5）复合材料建模模块。

基于 ABAQUS/CAE 的复合材料建模模块具有功能强大的复合材料仿真能力和先进的建模技术，并与 ABAQUS/CAE 完美地融合在一起。

【例 5.1】 采用 ABAQUS 软件模拟计算室温板材的拉深成形过程。

【问题描述】 已知模具材料为不锈钢，室温下密度为 7.9 g/cm³，弹性模量为 193 000 MPa，泊松比为 0.3，其应力－应变关系见表 5.4。变形材料为铝合金板材，室温下密度为 2.76 g/cm³，弹性模量为 70 000 MPa，泊松比为 0.33，其应力－应变关系见表 5.5。板材直径 330 mm，壁厚 2 mm。经拉深成形后要得到一个长轴为 114 mm、短轴为 80 mm 的椭球形薄壁曲面件，现对其成形过程进行有限元模拟。注意：此处软件要求输入材料的密度，但是这个密度值对塑性变形计算没有影响，可试着改变密度值，看看有什么影响，并可思考一下原因。实际上弹性模量和泊松比对塑性变形结果也没有多大影响，只是对小变形有作用。

表 5.4　不锈钢的应力－应变关系

应变	0	0.01	0.02	0.05	0.1	0.15	0.2	0.25	0.3	0.35	0.4	0.5
应力/MPa	291	326	349	409	501	587	670	752	835	920	1 007	1 180

表 5.5　铝合金的应力－应变关系

应变	0	0.01	0.02	0.03	0.04	0.05	0.06	0.07	0.08	0.09	0.1	0.15
应力/MPa	136	167	190	210	225	237	245	257	265	271	274	299

【软件介绍】 软件采用 ABAQUS/CAE 6.14－1，其主窗口包含图 5.4 所示的几部分。

在 ABAQUS 文件保存的目录中，所有文件夹及文件均应该使用英文字母命名，不要使用汉字，否则会导致软件无法打开、无法读取文件等问题。

ABAQUS 是基于量纲计算的，没有单位，只要设置的单位统一即可。一般使用长度单位为 mm，压力单位为 MPa，时间单位为 s，力的单位为 N，质量单位为 t(10^3 kg)，密度单位为 t/mm³。

在操作过程中，经常需要旋转模型，旋转的方法是按住 Shift＋Alt 键的同时，按住鼠标左键拖动即可。

为了截出的模型图片好看，需要将模型窗口的背景换为纯白色。操作如下：在主菜单中选择 View→Graphics Options，弹出 Graphics Options 窗口，将下方

模型树　　环境栏　　标题栏　　主菜单　　工具栏　　视图区

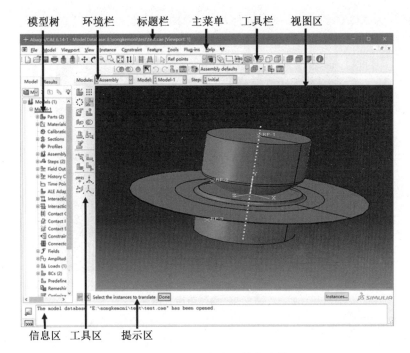

信息区　工具区　提示区

图 5.4　ABAQUS 主窗口的各功能区

的 Viewport Background 选择为 Solid,然后点击 Solid 后面的颜色框,将颜色选择为白色,单击 OK,背景色即变为纯白色。

【模拟计算操作】

1.创建部件

这部分内容是进行板材和模具部件的建立。在模拟过程中,模具视为刚体不发生变形,因此模具部件只需要将与管材直接发生接触的曲面建立出来即可。如果部件形状复杂,部件三维模型的建立可以采用三维造型软件(如 UG、Solidworks)进行,建立的模型文件保存为“.igs”格式进行导入。板材和模具形状都比较简单,则可采用 ABAQUS 前处理软件进行建模。

(1)板材部件的建立。

在拉深成形的模拟过程中,采用体单元为例进行介绍。

①通过拉伸来创建管材部件。在窗口左上角的 Module 列表中选择 Part 模块,点击左侧工具区的 ⊾(Create Part),弹出 Create Part 对话框后将 Name 改为 sheet,其余默认不变,点击 Continue,软件自动进入绘图环境,窗口左上角显示光标所在处的点的坐标。

②绘制板材草图。点击左侧工具区的 ⊙(Create Circle)绘圆,先点击坐标为 (0,0) 的点作为所绘制圆的圆心,再点击坐标为 (165,0) 的点确定圆的半径,得到

一个直径为 330 的圆,除了单击点外,在下方的对话框中也可以直接输入点的坐标按回车键。单击鼠标中键退出绘圆操作,界面如图 5.5 所示。

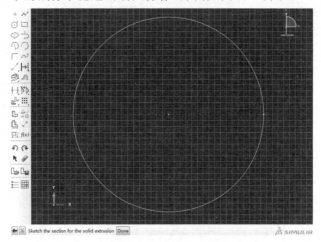

图 5.5　板材绘图界面

③拉伸草图。在图 5.5 的基础上再次单击鼠标中键确认完成草图绘制。在出现的 Edit Base Extrusion 对话框中将 Depth(代表板材的厚度)修改为 2,点击 OK,板材部件建立完毕,如图 5.6 所示。

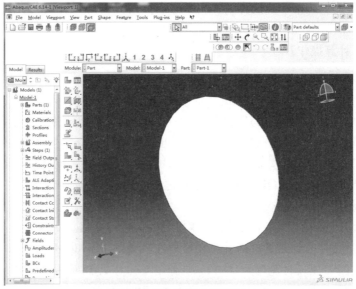

图 5.6　建立好的板材部件

(2) 模具部件的建立。

①压边圈部件的建立。

a.通过旋转来创建压边圈部件。在窗口左上角的 Module 列表中选择 Part

模块,点击左侧工具区的 🔧(Create Part),弹出 Create Part 对话框后将 Name 改
为 binder,在下方的 Shape 对话框内选择 Shell,Type 选择 Revolution,其余默认
不变,点击 Continue,软件自动进入绘图环境,窗口左上角显示光标所在处的点
的坐标。

　　b.绘制压边圈草图。点击左侧工具区的 📈(Create Lines:Connected)进行
绘线,先点击坐标为(114,12)的点作为起点,再点击坐标为(114,2)的点,最后点
击坐标为(268,2)的点,点击鼠标中键,点击左侧工具栏 📐(Create Fillet)设置圆
角半径为 10,依次点击绘制得到的两条线,点击鼠标中键完成圆角,最后单击鼠
标中键退出操作,界面如图 5.7 所示。

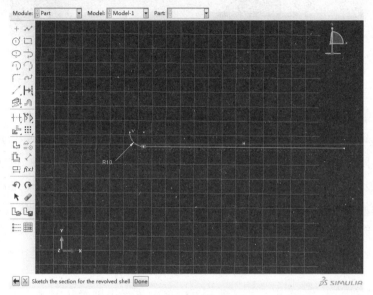

图 5.7　压边圈绘图界面

　　c.旋转草图。在图 5.7 的基础上再次单击鼠标中键确认完成草图绘制。在
出现的 Edit Revolution 对话框中将 Angle(代表旋转角度)修改为 360,点击
OK,压边圈部件建立完毕,如图 5.8 所示。

　　②凸模部件的建立。

　　a.通过旋转来创建凸模部件。在窗口左上角的 Module 列表中选择 Part 模
块,点击左侧工具区的 🔧(Create Part),弹出 Create Part 对话框后将 Name 改为
punch,在下方的 Shape 对话框内选择 Shell,Type 选择 Revolution,其余默认不
变,点击 Continue,软件自动进入绘图环境,窗口左上角显示光标所在处的点的
坐标。

　　b.绘制凸模草图。点击左侧工具区的 +(Create Isolated Point)确定点,先

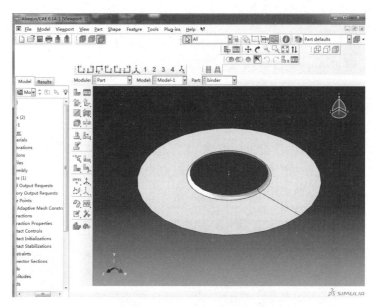

图 5.8　建立好的压边圈部件

点击坐标为 (0,2) 的点作为第一个点,再点击坐标为 (112,82) 的点作为第二个点,点击鼠标中键完成点的绘制。再点击左侧工具栏的 ⌐ 绘制曲线,依次点击第一个点和第二个点,得到要求的曲线。点击左侧工具区的 ⬈ (Create Lines:Connected) 绘制轮廓线,先点击 (112,82) 的点,再选择 (112,182) 的点,最后选择 (0,182) 的点。点击左侧工具栏 ⌐ (Create Fillet) 设置圆角半径为 10,依次点击绘制得到的两条线,点击鼠标中键完成圆角建立。单击鼠标中键退出操作,界面如图 5.9 所示。

c. 旋转草图。在图 5.9 的基础上再次单击鼠标中键确认完成草图绘制。在出现的 Edit Revolution 对话框中将 Angle(代表旋转角度)修改为 360,点击 OK,凸模部件建立完毕,如图 5.10 所示。

③凹模部件的建立。

a. 通过旋转来创建凹模部件。在窗口左上角的 Module 列表中选择 Part 模块,点击左侧工具区的 ⬈ (Create Part),弹出 Create Part 对话框后将 Name 改为 binder,在下方的 Shape 对话框内选择 Shell,Type 选择 Revolution,其余默认不变,点击 Continue,软件自动进入绘图环境,窗口左上角显示光标所在处的点的坐标。

b. 绘制凹模草图。点击左侧工具区的 ⬈ (Create Lines:Connected) 绘线,先点击坐标为 (264,0) 的点作为起点,再点击坐标为 (114,0) 的点,最后点击坐标为 (114,−100) 的点,点击鼠标中键,点击左侧工具栏 ⌐ (Create Fillet) 设置圆角半

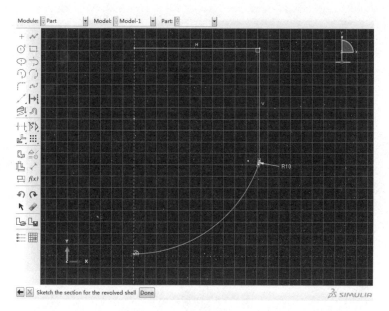

图 5.9　凸模绘图界面

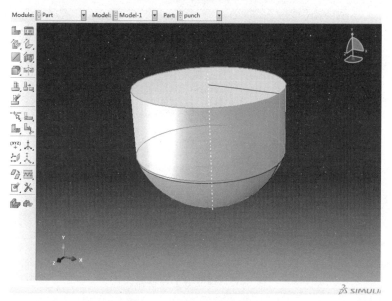

图 5.10　建立好的凸模部件

径为 10，依次点击绘制得到的两条线，点击鼠标中键完成圆角。单击鼠标中键退出操作，界面如图 5.11 所示。

　　c.旋转草图。在图 5.11 的基础上再次单击鼠标中键确认完成草图绘制。在出现的 Edit Revolution 对话框中将 Angle（代表旋转角度）修改为 360，点击 OK，凹模部件建立完毕，如图 5.12 所示。

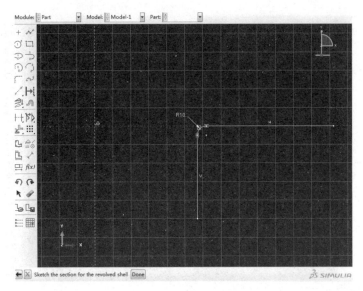

图 5.11　凹模绘图界面

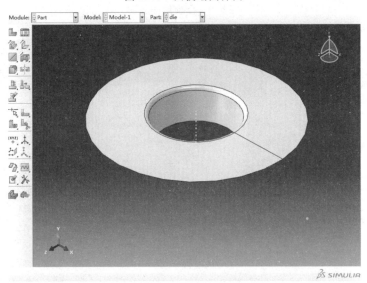

图 5.12　建立好的凹模部件

(3)刚体设置参考点。

由于刚体不发生变形,则一个点的运动可以代表刚体上所有点的运动,需要在每个独立的刚体上设置参考点以方便之后描述刚体的运动。本模拟中模具部件全部为刚体。

在窗口左上角的 Module 列表中选择 Part 模块,Model 默认不变,Part 依次选择为 binder、die、punch(均为模具部件的名字)。主菜单选择 Tools→Refer-

ence Point，然后在模具部件上选择一点并单击鼠标左键，参考点设置完成，如图
5.13 所示。

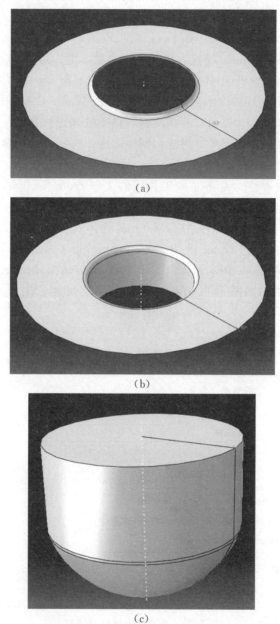

（a）

（b）

（c）

图 5.13　设置好参考点的模具部件

2. 创建材料和截面属性

在窗口左上角的 Module 列表中选择 Property 模块。

(1)创建材料。点击左侧工具区中的(Create Material),弹出 Edit Material 对话框。将 Name 修改为 steel,点击对话框中 General→Density(密度),将下面 Data 区的 Mass Density 设置为 7.9E−009,再点击对话框中 Mechanical→Elasticity→Elastic(弹性),将下面 Data 区的 Young's Modulus(弹性模量)设置为 193000,Poisson's Ratio 设置为 0.3,其余参数不变。最后,点击对话框中 Mechanical→Plasticity→Plastic(塑性)。现在需要在下面 Data 区中按照表 5.4、表 5.5 输入真实应力与其对应的塑性应变,输完一组应力−应变数据后,按回车键,进行下一组数据的输入,也可以直接复制表格中数据进行粘贴。全部设置完成,点击 OK,steel 材料创建完毕。再进行同样的操作将铝合金的属性输入,命名为 Al,铝合金材料创建完毕。

(2)创建截面属性。点击左侧工具区的 (Create Section),将 Name 改为 Section−sheet,其余默认不变(Category:Solid;Type:Homogeneous),单击 Continue,弹出 Edit Section 对话框,Material 选择 Al,点击 OK,板材截面属性创建完毕。同样的操作将 Name 改为 Section−mould,Category:shell;Type:Homogeneous,单击 Continue,弹出 Edit Section 对话框,Material 选择 steel,点击 OK,弹出对话框,如图 5.14 所示,模具截面属性创建完毕。

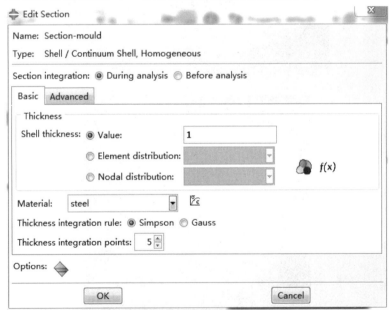

图 5.14　模具截面属性对话框

(3)给部件赋予截面属性。由于模具在创建的时候并未设置为刚体,所以也需要对其赋予截面属性。保持窗口左上角 Module 为 Property,Model 默认为 Model−1,选择 Part 为 sheet,窗口出现板材模型。点击左侧工具区的 (Assign Section)，再点击窗口中的板材模型，在窗口中单击鼠标中键，弹出 Edit Section Assignment 对话框，Section 选择 Section－sheet，点击 OK。窗口中板材模型变为绿色，如图 5.15 所示，说明板材已经被赋予了截面属性。依次选择 Part 为 binder、punch 和 die，为部件赋予截面属性，Section 选择 Section－mould，各部件模型变为绿色，说明已经被赋予了截面属性。

图 5.15　被赋予截面属性的材料(见彩图)

3. 装配部件

在窗口左上角的 Module 列表中选择 Assembly 模块。点击左侧工具栏中的 ⬛(Instance Part)，出现 Create Instance 对话框，在对话框的 Parts 部分选择所有部件，然后单击对话框下方 Apply，点击 OK。此时模具和板材部件均已添加到窗口中，但是其位置在通常情况下和实际成形状况不同，如图 5.16 所示，需要对其相对位置进行调整。

需要调整板材的方向，即进行旋转实体操作。点击左侧工具栏中的 ⬛(Rotate Instance)，然后再单击需要旋转的实体，即板材，单击鼠标中键确认选择。在下面的提示区出现一句英文，其意为选择或输入旋转轴向量的起始点。本次模拟采用输入的方法，默认为(0,0,0)即可，直接单击鼠标中键，提示区出现新的英文，意为选择或输入旋转轴向量的终点。通过观察图 5.13 发现模具需要绕 x 轴旋转，需要构建一个平行于 x 轴的向量，因此终点的坐标应该为 $(a,0,0)$，a 为任意不为零的常数，本例输入(1,0,0)，单击鼠标中键确认后，提示区提示输入旋转的角度，根据实际情况输入(正为逆时针)，单击鼠标中键确认，再次单击鼠标中键退出旋转操作。在实际模拟中，要根据实际情况确定旋转的方向与次数。此时板材和模具的方向已经一致，但具体位置还不正确，还需要调整。

调整板材的位置，即移动实体操作。点击左侧工具栏中的 ⬛(Translate Instance)，然后再单击需要移动的实体，即板材，单击鼠标中键确认选择。类似旋转，需要输入两个点来确定位移矢量，可以通过在实体上点击拾取或者直接输入

图 5.16　导入后的模具和板坯位置与实际情况不同

坐标的方式确定。作用是将选择的第一个点移动到选择的第二个点的位置。这两个点最好选择模具和板材在实际情况中重合的点。注意，如果采用输入坐标的方式，输入坐标后需要点击鼠标中键确认，但如果使用直接拾取的方式，在图上点击第一个点之后直接点第二个点即可，不需要确认。本示例采用坐标点方法，第一个点坐标为(0,0,0)按回车，第二个点坐标为(0,2,0)按回车，点击鼠标中键完成实体移动。

　　经过旋转和平移，板材和模具的相对位置已经与实际情况相同，如图 5.17所示，装配完成。

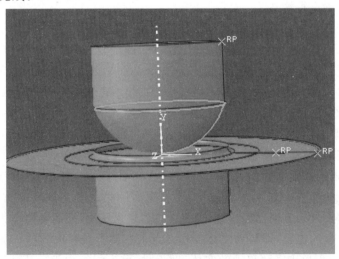

图 5.17　装配完成后的模型

4. 设置分析步

在 Module 列表中选择 Step 模块。点击左侧工具栏中的 ●■ (Create Step)，弹出 Create Step 对话框，将 Name 命名为 Lashen，对话框中 Procedure Type 选择 Dynamic、Explicit，点击 Continue，在 Edit Step 对话框中将 Time period 改为 0.1，单击 Mass scaling（质量放大）选项卡，选择 Use scaling definitions below，单击对话框下方 Create，在弹出的 Edit Mass Scaling 对话框中，将 Type 中的 Scale by factor 勾选，并在后面填入 100，单击 OK 确认，再次单击 OK 退出分析步编辑。采用适当的质量放大可以减少运算的时间，提高模拟效率。

5. 设置接触

在 Module 列表中选择 Interaction 模块。点击左侧工具栏的 ▇ (Create Interaction Property)，弹出的对话框默认不变，点击 Continue，在 Edit Contact Property 对话框中点击 Mechanical→Tangential。将 Friction formulation 改为 Penalty，然后在最下面的 Friction Coeff 一栏中填入摩擦系数，本例填 0.1，其余默认不变，点击 OK。

点击左侧工具栏的 ▇ (Create Interaction)，弹出 Create Interaction 对话框，保持默认不变，点击 Continue，在新弹出对话框下方将 Global property assignment 选择为 IntProp−1，其余保持默认，点击 OK，如图 5.18 所示。

图 5.18　Edit Interaction 设置

定义刚体:由于创建部件时模具没有设置为刚体,所以需要后期进行定义,单击左侧工具栏 (Create Constraint),在弹出的对话框中将其命名为各部件对应的名字,选择 Rigid body,单击 Continue,在 Edit Constraint 对话框中依次单击 Body(elements)、,单独选中对应部件,单击鼠标中键,在弹出的对话框中单击 Point: (None) 中的箭头,选择对应部件上的参考点,单击鼠标中键,点击 OK,对应部件就被定义为刚体,其余部件采用同样的方法定义刚体。

6.划分网格

划分网格是模拟中非常重要的一部分,网格划分的好坏直接决定了模拟的效果。在 Module 列表中选择 Mesh 模块进行网格划分。

(1)模具网格划分。

在窗口左上方将 Object 选择为 Part,可以下拉 Part 后面选择部件,选择 binder,如图 5.19 所示。

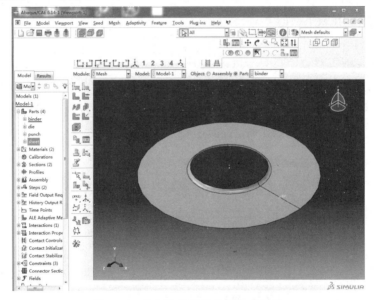

图 5.19 选择模具部件进行网格划分

单击左侧工具栏中 (Seed Part),出现 Global Seeds 对话框,将 Approximate global size 设置为 15,单击 OK。再单击工具栏中的 (Mesh Part),在窗口点击鼠标中键,或者在下面提示框中点 Yes,模具网格划分完成,如图 5.20 所示。

其余部件采用同样的方法进行网格划分,凸模部分将 Approximate global size 设置为 10,凹模部分将 Approximate global size 设置为 4,最后得到网格划分后的部件,如图 5.21 所示。

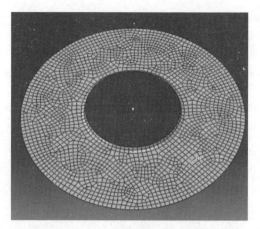

图 5.20　划分网格后的压边圈部件

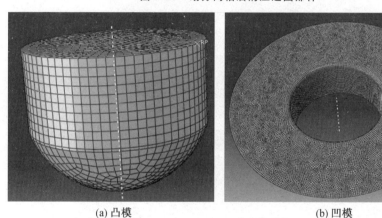

(a) 凸模　　　　　　　　　　　　　　　　(b) 凹模

图 5.21　划分网格后的凸模和凹模部件

(2)板材网格划分。

在上方工具栏中选择 Mesh－Controls,在弹出的对话框中选择 Medial axis,如图 5.22 所示。单击左侧工具栏中的▐▆(Seed Part),出现 Global Seeds 对话框,将 Approximate global size 设置为 3,单击 OK。然后,单击工具栏中的▐▆(Mesh Part),在窗口点击鼠标中键,或者在下面提示框中点击 Yes。板材网格划分完成,如图 5.23 所示。

7.设置边界条件与载荷

在 Module 列表中选择 Load 模块,进行边界条件与载荷的设置。

(1)设置边界条件。

首先固定模具,单击左侧工具栏的▐▆(Create Boundary Condition),在弹出的 Create Boundary Condition 对话框将 name 改为 fixdie,其余默认不变,如图

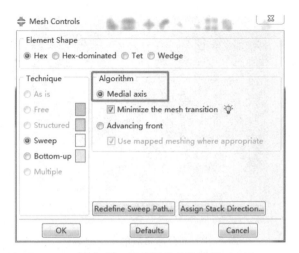

图 5.22　网格划分方法选择

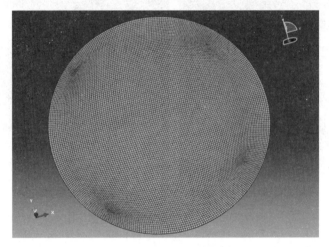

图 5.23　划分网格后的板材部件

5.24 所示,单击 Continue,然后在窗口点击凹模上之前设置的参考点,参考点变为红色后代表已经选中,如图 5.25 所示,单击鼠标中键确认,在弹出的 Edit Boundary Condition 对话框中选择最下方的 ENCASTRE,如图 5.26 所示,点击 OK。

　　本实例需要控制冲头(即凸模)的下行速度,单击左侧工具栏的 ┗ (Create Boundary Condition),在弹出的 Create Boundary Condition 对话框中将 Name 改为 punch,如图 5.27 所示。随后全部选中凸模(可通过按住 Shift 键选择多个对象),单击鼠标中键设置凸模下行速度,如图 5.28 所示,单击 OK,完成设置。

图 5.24　Create Boundary Condition 设置

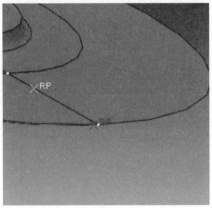

图 5.25　选中参考点(见彩图)

图 5.26　Edit Boundary Condition 设置

图 5.27　Create Boundary Condition 设置

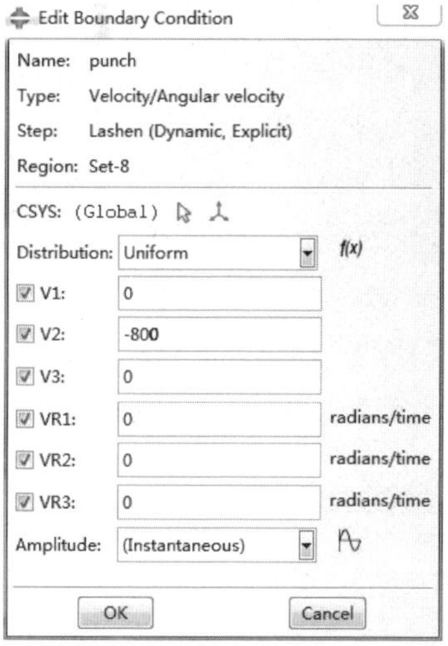

图 5.28　凸模下行速度设置

（2）设置载荷。

本例中的载荷分别为压边力和冲头压力。单击工具栏中 （Create Load），将 Name 命名为 binder，将 Types for Selected Step 设置为 Pressure，如图 5.29 所示，单击 Continue，然后单击选中压边圈（只需选择图 5.30 所示的部分），在下方弹出的对话框中选择 Purple，单击鼠标中键确认。弹出 Edit Load 对话框，将 Magnitude 改为 5，代表 5 MPa，单击 Amplitude 右边的 （Create Amplitude），弹出 Create Amplitude 对话框，命名为 binder，其余默认不变，点击 Continue，如图 5.31 所示，在 Edit Amplitude 对话框中填入图 5.32 所示的数据（表示经过

0.02 s 载荷从 0 上升至 1 倍设定值，保持到 0.1 s 结束），单击 OK。然后在 Edit Load 窗口将 Amplitude 选择为 binder，单击 OK，压边圈载荷设置完成。接下来设置凸模载荷，按照上述方法进行设置，其中选择冲头上表面，在弹出的下方对话框中选择 Brown，如图 5.33 所示。弹出 Edit Load 对话框，将 Magnitude 改为 10，代表 10 MPa，单击 Amplitude 右边的 ♪（Create Amplitude），弹出 Create Amplitute 对话框，命名为 punch，其余默认不变，点击 Continue，在 Edit Amplitude 对话框中填入图 5.34 所示的数据，单击 OK，完成载荷设置。

图 5.29　Create Load 设置

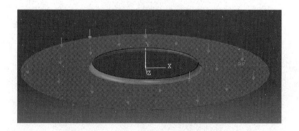

图 5.30　压边圈载荷施加表面

8. 提交任务

在 Module 列表中选择 Job 模块，点击工作栏中的 ▦（Job Manager），弹出 Job Manager 窗口，点击左下角 Create，弹出的窗口保持默认不变，点击 Continue，弹出 Edit Job 的对话框中保持默认不变，点击 OK。然后再点击 Job Manager 窗口右边的 Submit，此时任务后面的 Status（状态）会变成 Running，如图 5.35 所示。单击右侧的 Monitor 可以观察模拟进行情况，Monitor 窗口如图 5.36 所示。

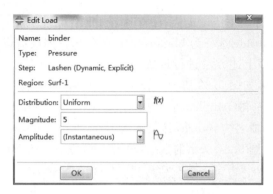

图 5.31　Create Amplitude 设置

	Time/Frequency	Amplitude
1	0	0
2	0.02	1
3	0.05	1
4	0.1	1

图 5.32　幅值数据

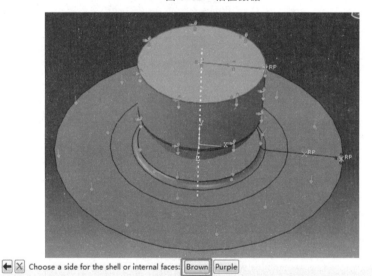

图 5.33　表面选择

　　注意,如果提交后过了一两分钟,任务 Status 变为 Aborted,任务报错,可能是系统和软件的原因,可以尝试重新提交。重新提交的方法为在 Job Manager 中选中发生报错的任务,点击下方的 Delete,在弹出对话框中点击 Yes,然后按照之前操作重新提交任务即可。如果重新提交多次仍然报错,那大概率是模拟模型设置出现了问题,需要重新检查模型是否正确。

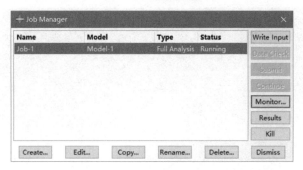

	Time/Frequency	Amplitude
1	0	0
2	0.02	0
3	0.1	1

图 5.34　幅值数据

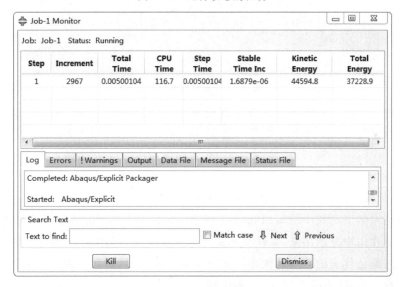

图 5.35　运行状态的任务

图 5.36　Monitor 窗口

　　下面介绍 Job-1 Monitor 中常用一些量的意义。CPU Time 指的是计算机计算的时间,即现实中花费的时间。Step Time 指模拟中设置的分析步计算的时间,可以通过其对模拟的进程有一个大概的把握。对于本例来说,设置的分析步总时间为 0.1 s,也就是说当 Step Time 达到 0.1 s 后,本次模拟即计算完成。

9.后处理

　　任务计算完成后,需要对模拟结果进行处理,Visualization(后处理)模块可以显示 ODB 文件中的分析结果。

在 Job Manager 窗口选择已经完成的任务，点击右侧的 Results 按钮，软件进入该任务对应的 Visualization(后处理)模块。默认窗口显示的是未变形的模型，▦(Plot Undeformed Shape)按键亮起。单击左侧工具栏中的 ▦(Plot Deformed Shape)，窗口显示变形后的模型，如图 5.37 所示。

图 5.37 变形后的模型

发现由于模具的阻挡无法观察到板材，这就需要设置 Display Groups(展示组)。右键单击图 5.38 所示框图位置的 Display Groups，点击 Create，弹出 Create Display Group 窗口，按照图 5.39 所示操作，在 Item 中选择 Part instances，然后在后面选择 SHEET，点击下方的 Replace，最后关闭 Create Display Group 窗口，发现现在窗口显示的已经是变形后的板材，如图 5.40 所示。

单击左侧工具栏中的 ▨(Plot Contours on Deformed Shape)，可以将模拟中各种变量在图中显示出来，默认显示的为米塞斯应力，如图 5.41 所示，左上角显示了不同颜色代表的应力的大小。如想查看其他变量，可以下拉图 5.42 中选择其他变量，PEEQ 为等效应变，U 为位移。

单击左侧工具栏的 ▨(Activate/Deactivate View Cut)，可以观察板材的截面。首先右键单击之前所示的 Display Groups，点击 Create，弹出 Create Display Group 窗口，在 Item 中选择 All，然后点击下方的 Replace，最后关闭 Create Display Group 窗口，窗口显示板材与模具。此时单击左侧工具栏的 ▨，默认沿过轴线的平面生成了截面，如图 5.43 所示。

【例 5.2】 采用 ABAQUS 软件模拟计算室温内高压成形过程。

【问题描述】 已知变形材料为不锈钢管材，外径 40 mm，壁厚 2 mm，长度

图 5.38　Display Groups 所在位置

图 5.39　Create Display Group 设置

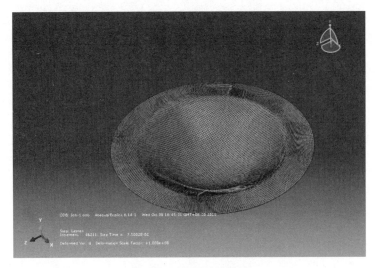

图 5.40 变形后的板材

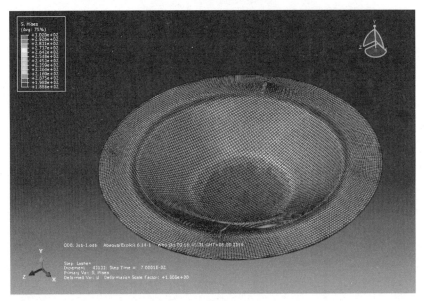

图 5.41 变形后板材的应力云图

150 mm,密度为 7.9 g/cm³,弹性模量为 193 000 MPa,泊松比为 0.3,其应力－应变关系见表 5.4。不锈钢管材经内高压成形后要得到一根长为 50 mm 的 40 mm×40 mm 方形截面管,成形过程中管坯两端被冲头卡死。现对其成形过程进行有限元模拟。部件三维模型是由三维造型软件 UG 建立的,模型文件保存为".igs"格式以便进行导入,如图 5.44 所示。

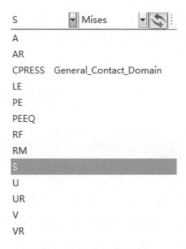

图 5.42 选择其他变量

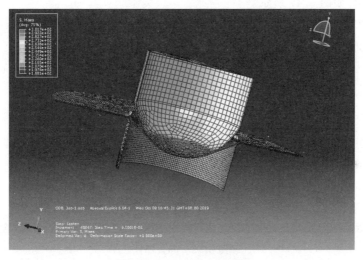

图 5.43 默认显示的截面

【模拟计算操作】

1. 创建部件

(1)模具部件的导入。

启动 ABAQUS/CAE,在出现的 Start Session 对话框中选择 With Stand-ard/Explicit Model。首先在主菜单中选择 File→Save,保存文件至指定文件夹并命名。

在主菜单中选择 File→Import→Part,如图 5.45 所示,在出现的 Import Part 对话框中将 File Fliter 设置为 IGES,然后选择之前保存的模具三维模型文件,如图 5.46 所示。出现 Greate Part from IGES File 对话框,在其中的 Name－Re-

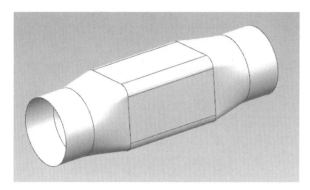

图 5.44　使用 UG 建立的模型型腔模型

pair 选项卡的 Name 命名中导入模具部件的名字,选择 Part Attributes 选项卡,将 Type 选择为 Discrete rigid,其余默认不变,点击 OK,部件即导入完成,导入后的模具部件如图 5.47 所示。

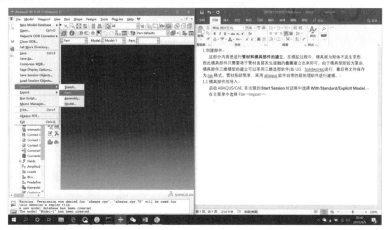

图 5.45　导入部件

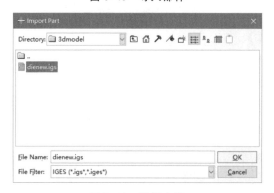

图 5.46　选择文件

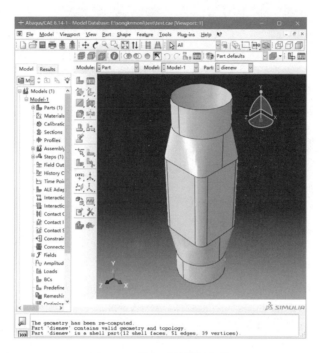

图 5.47　导入后的模具部件

导入外部模型文件后有时会出现图 5.48 所示的提示,这是由在各种文件格式之间的转换过程中部分数据不完整导致的,如果不处理可能会对之后网格划

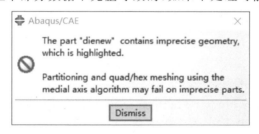

图 5.48　有时导入外部模型后会出现的提示

分等操作造成影响,其解决方法如下:首先点击 Dismiss 关闭对话框,然后点击左侧工具区的 ✖ (Geomety Edit),在弹出的窗口选择 Part,然后选择后面的 Convert to precise,如图 5.49 所示,弹出提示框,点击 OK。然后,在界面下方的提示区里选择 Recompute Geometry,弹出对话框,点击 OK。模型被重新计算,一些模型的问题能够被消除。

(2)管材部件的建立。

在内高压成形的模拟过程中,管材可以选择壳单元,也可以选择体单元。本次模拟采用体单元为例进行介绍。

图 5.49　Geomety Edit 设置

①通过拉伸来创建管材部件。在窗口左上角的 Module 列表中选择 Part 模块,点击左侧工具区的 ▣(Create Part),在弹出的 Create Part 对话框中将 Name 改为 tube,其余默认不变,点击 Continue,软件自动进入绘图环境,窗口左上角显示光标所在处的点的坐标。

②绘制管材草图。点击左侧工具区的 ⊙(Create Circle)绘圆,先点击坐标为(0,0)的点作为所绘制圆的圆心,再点击坐标为(20,0)的点确定圆的半径,得到一个直径为 40 的圆,除了单击点外,在下方的对话框中也可以直接输入点的坐标按回车。同理绘制一个直径为 36 的同心圆。单击鼠标中键退出绘圆操作,界面如图 5.50 所示。

③拉伸草图。在图 5.50 的基础上再次单击鼠标中键确认完成草图绘制。在出现的 Edit Base Extrusion 对话框中将 Depth(代表管材的长度)修改为 150,点击 OK,管材部件建立完毕,如图 5.51 所示。

(3)刚体设置参考点。

将窗口左上角的 Module 列表中选择 Part 模块,Model 默认不变,Part 选择 dienew(模具部件的名字)。主菜单选择 Tools→Reference Point,然后在模具部件上选择一点单击鼠标左键,参考点设置完成,如图 5.52 所示。

2.创建材料和截面属性

在窗口左上角的 Module 列表中选择 Property 模块。

(1)创建材料。点击左侧工具区中的 ▨(Create Material),弹出 Edit Material 对话框。将 Name 修改为 steel,点击对话框中 General→Density(密度),将下面 Data 区的 Mass Density 设置为 7.9E−009。然后,点击对话框中 Mechanical→Elasticity→Elastic(弹性),将下面 Data 区的 Young's Modulus 设置为 193000,Poisson's Ratio 设置为 0.3,其余参数不变。最后,点击对话框中 Mechanical→Plasticity→Plastic(塑性),现在需要在下面 Data 区中按照表 5.4 输入应力—应

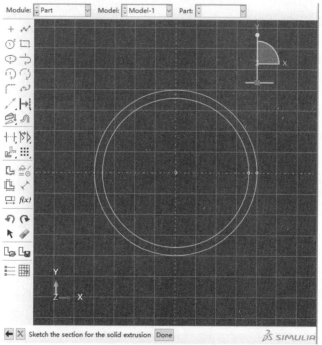

图 5.50　管材绘图界面

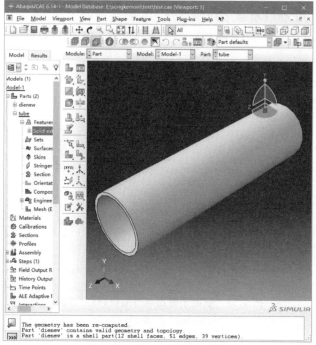

图 5.51　建立好的管材部件

图 5.52　设置好参考点的模具部件

变关系数据,也可以直接复制表格中的数据进行粘贴。全部设置完成后,点击OK,材料创建完毕。

(2)创建截面属性。点击左侧工具区的 ⚓(Create Section),将 Name 改为Section－tube,其余默认不变(Category:Solid;Type:Homogeneous),单击 Continue,弹出 Edit Section 对话框,保持默认参数不变,点击 OK,截面属性创建完毕。

(3)给部件赋予截面属性。由于模具是刚体,刚体不需要对其赋予截面属性,只需要对变形体管材赋予截面属性。保持窗口左上角 Module 为 Property,Model 默认为 Model－1,选择 Part 为 tube,窗口出现管材模型。点击左侧工具区的 ⚓(Assign Section),再点击窗口中的管材模型,在窗口中单击鼠标中键,弹出 Edit Section Assignment 对话框,保持默认参数不变,点击 OK。窗口中管材模型变为绿色,如图 5.53 所示,说明管材已经被赋予了截面属性。

图 5.53　被赋予截面属性的材料(见彩图)

3. 装配部件

在窗口左上角的 Module 列表中选择 Assembly 模块。点击左侧工具栏中的

（Instance Part），出现 Create Instance 对话框，在对话框的 Parts 部分单击 die-new（模具部件名称），然后单击对话框下方 Apply，再次在对话框的 Parts 部分单击 tube，点击 OK。此时模具和管材部件均已添加到窗口中，但是其位置在通常情况下和实际成形状况不同，如图 5.54 所示，需要对其相对位置进行调整。

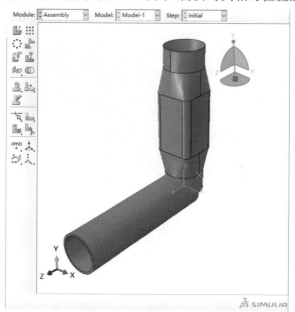

图 5.54　导入后的模具和管坯位置与实际成形状况不同

首先调整模具的方向，即进行旋转实体操作。点击左侧工具栏中的 （Rotate Instance），然后再单击需要旋转的实体，即模具，单击鼠标中键确认选择。在下面的提示区出现一句英文，其意为选择或输入旋转轴向量的起始点，本次模拟采用输入的方法，默认为 $(0,0,0)$ 即可，直接单击鼠标中键，提示区出现新的英文，意为选择或输入旋转轴向量的终点，通过观察图 5.54 发现模具需要绕 x 轴旋转，需要构建一个平行于 x 轴的向量，因此终点的坐标应该为 $(a,0,0)$，a 为任意不为零的常数，本例输入 $(1,0,0)$，单击鼠标中键确认后提示区让输入旋转的角度，根据自己实际情况输入（正为逆时针），单击鼠标中键确认，再次单击鼠标中键退出旋转操作。在实际模拟中，要根据自己的实际情况确定旋转的方向与次数。此时管材和模具的方向已经一致，但是管材和模具的相对位置一般仍有偏差。

调整模具的位置，即移动实体操作。点击左侧工具栏中的 （Translate Instance），然后再单击需要移动的实体，即模具，单击鼠标中键确认选择。类似旋转，需要输入两个点来确定位移矢量，可以通过在实体上点击拾取或者直接输入坐标的方式确定。作用是将选择的第一个点移动到选择的第二个点的位置。这两个点最好选择模具和管材在实际情况中重合的点。注意,如果采用输入坐标的方式,输入坐标后需要点击鼠标中键确认,但如果使用直接拾取的方式,在图上点击第一个点之后直接点击第二个点即可,不需要确认。

经过旋转和平移,管材和模具的相对位置已经与实际情况相同,如图 5.55 所示,装配完成。

图 5.55　装配完成后的模型

4. 设置分析步

在 Module 列表中选择 Step 模块。点击左侧工具栏中的 ●▪■(Create Step),弹出 Create Step 对话框,将 Name 命名为 zhang,对话框中 Procedure type 选择 Dynamic 和 Explicit,点击 Continue,在 Edit Step 对话框中将 Time period 改为 0.1,单击 Mass scaling(质量放大)选项卡,选择 Use scaling definitions below,单击对话框下方 Create,在弹出的 Edit Mass Scaling 对话框中,将 Type 中的 Scale by factor 勾选,并在后面填入 100,单击 OK 确认,再次单击 OK 退出分析步编辑。

5. 设置接触

在 Module 列表中选择 Interaction 模块。点击左侧工具栏的 ▤(Create Interaction Property),弹出的对话框中默认不变,点击 Continue,在 Edit Contact Property 对话框中点击 Mechanical→Tangential。将 Friction formulation 改为 Penalty,然后在最下面的 Friction Coeff 一栏中填入摩擦系数,本例填 0.2,其余默认不变,点击 OK。

点击左侧工具栏的 ▤(Create Interaction),弹出 Create Interaction 对话框,保持默认不变,点击 Continue,在新弹出的对话框下方将 Global property assignment 选择为 IntProp−1,其余默认不变,点击 OK,如图 5.56 所示。

6. 划分网格

划分网格是模拟中非常重要的一部分,网格划分的好坏直接决定了模拟的

图 5.56　Edit Interaction 设置

效果。在 Module 列表中选择 Mesh 模块进行网格划分。

（1）模具网格划分。

在窗口左上方将 Object 选择为 Part，可以下拉 Part 后面选择部件，选择 di-enew，如图 5.57 所示。

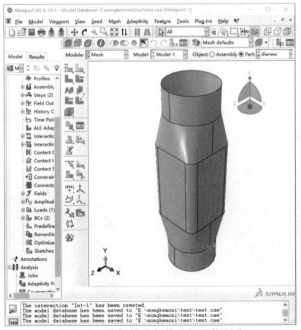

图 5.57　选择模具部件进行网格划分

单击左侧工具栏中，出现 Global Seeds 对话框，将 Approximate global size 设置为 2，单击 OK。再单击工具栏中的，在窗口点击鼠标中键，或者在下面提示框中点击 Yes，模具网格划分完成，如图 5.58 所示。

（2）管材网格划分。

将 Part 选择为 tube，重复与模具网格划分类似的操作可以将管坯划分出图 5.59 所示的网格。观察管端的截面，可以看出网格划分不是非常整齐，为了获得更高质量的网格，可以采用分割部件的方法，操作如下。

图 5.58　划分网格后的模具部件　　　图 5.59　直接划分得到的管材网格

在 Module 列表中选择 Part 模块，将后边的 Part 选择为 tube。长按左侧工具栏中的![]，在出现的一列图标中点击![]（Create Datum Plane：3 Points），通过三点确定一个平面。选择一个通过管轴线的平面上的三点依次单击，单击鼠标中键确认，基准面建立完毕，如图 5.60 所示。然后长按工具栏中的![]，在出现的一列图标中单击![]（Partion Cell：Use Datum Plane），下方的提示框提示让选择一个基准面，点击刚刚创建的基准面，即那个虚线框（黄色），然后点击下方提示栏中的 Create Partition，按鼠标中间或提示栏里的 Done 退出部件分割，分割后的管材部件如图 5.61 所示，然后开始重新进行管材网格的划分。

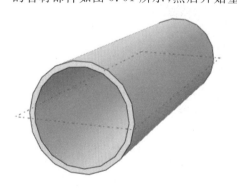 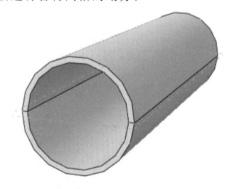

图 5.60　基准面建立完毕（见彩图）　　　图 5.61　分割后的管材部件

在 Module 列表中选择 Mesh 模块，将后边的 Part 选择为 tube，发现窗口中管材变成了绿色，如图 5.62 所示。单击工具栏中 （Seed Part），出现 Global Seeds 对话框，将 Approximate global size 设置为 1，单击 OK。

再单击工具栏中的 （Seed Edges），选择管材端面的分割线，如图 5.63 所示，单击鼠标中键，在弹出的 Local Seeds 对话框中将 Method 选择为 By number，然后将 Sizing Controls 中的 Number of elements 设置为 4，如图 5.64 所示，点击 OK，再次点击鼠标中键确认操作。再单击工具栏中的 （Mesh Part），在窗口点击鼠标中键，或者在下面提示框中点击 Yes，模具网格划分完成，重新划分的网格如图 5.65 所示，可以发现这样划分的网格质量明显好于之前的网格质量。

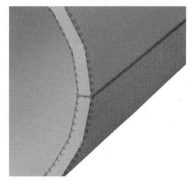

图 5.62　分割部件后画网格时管材为绿色（见彩图）
图 5.63　Seed Edges 中选择管材端面的分割线

图 5.64　Local Seeds 设置
图 5.65　重新划分的网格

7. 设置边界条件与载荷

在 Module 列表中选择 Load 模块，进行边界条件与载荷的设置。

(1)设置边界条件。

首先固定模具,单击左侧工具栏的 ,在弹出的 Create Boundary Condition 对话框将 Name 改为 fixdie,其余默认不变,如图 5.66 所示,单击 Continue,然后在窗口点击模具上之前设置的参考点,参考点变为红色后代表已经选中,如图 5.67 所示,单击鼠标中键确认,在弹出的 Edit Boundary Condition 对话框中选择最下方的 ENCASTRE,如图 5.68 所示,点击 OK。

图 5.66　Create Boundary Condition 设置

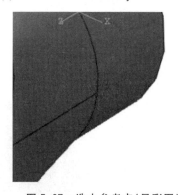

图 5.67　选中参考点(见彩图)

在本例成形过程中,管的两端被冲头卡死,不发生位移与转动,因此还需固定管的两端。再次点击 ![],Name 改为 fixtube,点击 Continue,然后在窗口中先点击管的一个端面,半个端面亮起,按住 Shift 键后单击另一半端面(如果不按 Shift 键,点下一个对象的时候会取消对上一个对象的选择),将这侧的端面全部选择。同时按住 Shift 键和 Alt 键,按住鼠标左键拖动,视角转动到能看见管的另一个端面后,松开所有键,然后按住 Shift 键,并单击此端面的两个面,即可将

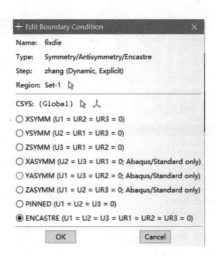

图 5.68　Edit Boundary Condition 设置

管的两个端面同时选中,如图 5.69 所示。单击鼠标中键确认,在弹出的 Edit Boundary Condition 对话框中选择最下方的 ENCASTRE,点击 OK。此时模型边界条件均设置完毕,如图 5.70 所示。

图 5.69　管的两个端面均被选中的状态

图 5.70　边界条件设置完毕的模型

(2)设置载荷。

本例中的载荷只有一个,就是作用在管坯内表面的压力 P。单击工具栏中的 ⬒(Create Load),将 Name 命名为 P,将 Types for Selected Step 设置为 Pressure,如图 5.71 所示,单击 Continue,将下方提示框中的 individually 改为 by angle,然后单击窗口中管材的内表面,内表面变红后,单击鼠标中键确认。弹出 Edit Load 对话框,将 Magnitude 改为 150,代表 150 MPa,单击 Amplitude 右边的 ⤵(Create Amplitude),弹出 Create Amplitude 对话框并保持默认不变,点击 Continue,在 Edit Amplitude 对话框中填入图 5.72 所示的数据(表示经过 0.05 s 载荷从 0 上升至 1 倍设定值,保持到 0.1 s 结束),单击 OK。然后在 Edit Load 窗口将 Amplitude 选择为 Amp-1,如图 5.73 所示,单击 OK,载荷设置完成,此时管内出现指向管内壁的粉色箭头,如图 5.74 所示。

图 5.71　Create Load 设置

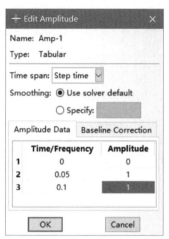

图 5.72　Create Amplitude 设置

图 5.73　Edit Load 设置

图 5.74　载荷设置完成后的模型(见彩图)

8. 提交任务

在 Module 列表中选择 Job 模块,点击工作栏中的 ▦(Job Manager),弹出 Job Manager 窗口,点击左下角 Create,弹出的窗口中保持默认不变,点击 Continue,弹出 Edit Job 的对话框并保持默认不变,点击 OK。然后再点击 Job Manager 窗口右边的 Submit,此时任务后面的 Status(状态)会变成 Running,如图

5.75所示。单击右侧的 Monitor 可以观察模拟进行情况，Monitor 窗口如图 5.76
所示。

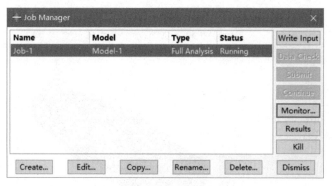

图 5.75　运行状态的任务

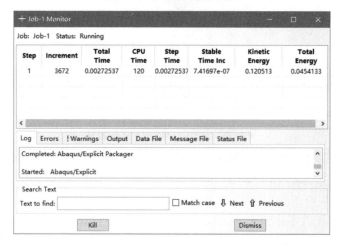

图 5.76　Monitor 窗口

　　本例计算在计算机(Intel 8 代 i7)上花费了大约 100 min 计算完毕，读者可以
通过适当增大网格大小和增大分析步设置中的质量放大倍数等方法来减少运算
时间。计算完毕后，在 Job Manager 中任务状态显示为 Completed。

9. 后处理

　　任务计算完成后，需要对模拟结果进行处理，Visualization(后处理)模块可
以显示 ODB 文件中的分析结果。

　　在 Job Manager 窗口选择已经完成的任务，点击右侧的 Results 按钮，软件
进入该任务对应的 Visualization(后处理)模块。默认窗口显示的是未变形的模
型，▉(Plot Undeformed Shape)按键亮起。单击左侧工具栏中的▉(Plot De-
formed Shape)，窗口中显示变形后的模型，如图 5.77 所示。

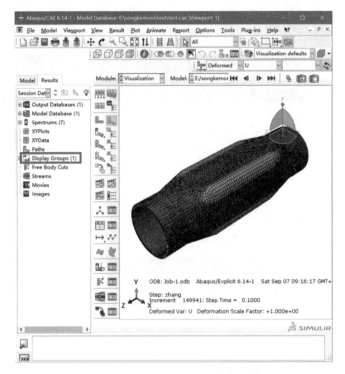

图 5.77　Display Groups 所在位置

　　由于模具的阻挡无法观察内部的管材,这就需要设置 Display Groups(展示组)。右键单击图 5.78 中的 Display Groups,点击 Create,弹出 Create Display Group 窗口,按照图 5.78 所示的操作,在 Item 中选择 Part instances,然后在后面选择 tube,点击下方的 Replace,最后关闭 Create Display Group 窗口,发现窗口显示的已经是变形后的管材,如图 5.79 所示。

　　单击左侧工具栏中的 (Plot Contours on Deformed Shape),可以将模拟中的各种变量在图中显示出来,默认显示的为米塞斯应力,如图 5.80 所示,左上角显示了不同颜色代表的应力的大小。如想查看其他变量,可以下拉图 5.81 中所示位置选择其他变量,其中 PEEQ 为等效应变,U 为位移。

　　单击左侧工具栏的 (Activate/Deactivate View Cut),可以观察管材的截面。以观察管材的贴模情况为例来介绍此功能的用法。首先右键单击之前所示的 Display Groups,点击 Create,弹出 Create Display Group 窗口,在 Item 中选择 All,然后点击下方的 Replace,最后关闭 Create Display Group 窗口,窗口显示管材与模具。此时单击左侧工具栏的 ,默认沿过轴线的平面生成了截面,如图 5.82所示。点击 按钮后的 (View Cut Manager),弹出 View Cut Manager 窗口,在里面可以选择切割的截面,观察贴模情况最好从垂直轴线的面上切割,

图 5.78　Create Display Group 设置

图 5.79　变形后的管材

如图 5.83 所示,所需截面创建完成后,关闭 View Cut Manager 窗口。按住 Shift＋Alt 键,拖动鼠标左键移动视角至适合观察的位置,也可点击菜单栏的 View→Toolbars→Views,在弹出的 Views 工具栏中选择视图。最后选择的视图如图 5.84 所示,可以观察到在 150 MPa 的胀形压力下管材并未完全贴模,仍留有一定空隙。

接下来观察成形过程,使用窗口右上角的 4 个箭头,观察到的模拟成形过程如图 5.85 所示。

本例是采用整个模型进行模拟,该模型在 3 个方向上均对称,实际模拟过程中为了提高模拟效率,可以采用 1/8 模型进行计算,模拟模型如图 5.86 所示,其余设置与前面教程基本类似,区别主要在于在 Load 模块设置边界条件时,还要

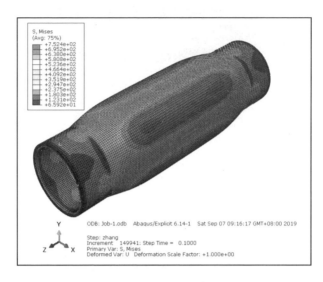

图 5.80　变形后管材的应力云图

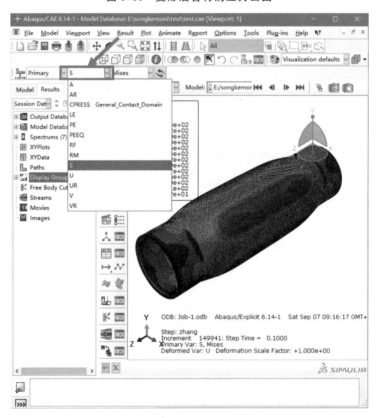

图 5.81　选择其他变量

图 5.82　默认显示的截面

图 5.83　从垂直轴线的面上切割得到的截面

图 5.84　最后选择的视图

加上 3 个对称面上的对称约束。

　　ABAQUS 还有很多其他功能，读者可以在使用中慢慢探索。

5.2.2　ANSYS

　　ANSYS 软件是集结构、流体、热、电磁、声场分析于一体的大型通用有限元分析软件。它是由世界上最大的有限元分析软件公司之一的美国 ANSYS 公司

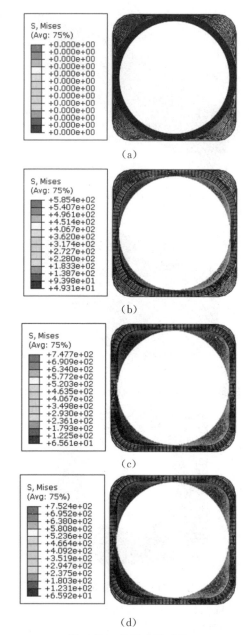

图 5.85　模拟成形过程

开发的,具有独一无二的多场耦合分析功能,对自然界四大场(力场、流场、热场、磁场)实现全面分析。其最突出的一个例子是多物理场分析技术,包括热场、流场、结构应力场等多场耦合。其能与多数 CAD 软件接口,实现数据的共享和交换,如 Pro/Engineer、UG、NASTRAN、I−DEAS、AutoCAD 等,是现代产品设计

图 5.86 方形管件的 1/8 模型示意图

中的高级 CAE 工具之一。

该软件主要包括 3 个部分,即前处理模块、分析计算模块和后处理模块。前处理模块提供了一个强大的实体建模及网格划分工具,用户可以方便地构造有限元模型;分析计算模块包括结构分析(可进行线性分析、非线性分析和高度非线性分析)、流体动力学分析、电磁场分析、声场分析、压电分析及多物理场的耦合分析,可模拟多种物理介质的相互作用,具有灵敏度分析及优化分析能力;后处理模块可将计算结果以彩色等值线、梯度、矢量、粒子流迹、立体切片、透明及半透明(可看到结构内部)等图形方式显示出来,也可将计算结果以图表、曲线的形式显示或输出。软件提供了 100 种以上的单元类型,用来模拟工程中的各种结构和材料。该软件有多种不同版本,可以运行在从个人机到大型机的多种计算机设备上。

ANSYS 技术涵盖多个学科领域,所提供的工程仿真工具的广度和数量堪称上乘。它可应用于航空航天、车辆、船舶、生物医学、桥梁、建筑、电子、通信、重型机械、石油、化工、运动器械等领域。其具体的分析功能如下:

(1)结构静力分析。求解外载荷引起的位移、应力和力。静力分析很适合求解惯性和阻尼对结构的影响并不显著的问题。静力分析不仅包括线性分析,而且包括非线性分析,如塑性、蠕变、膨胀、大变形、大应变及接触分析。

(2)结构动力学分析。求解随时间变化的载荷对结构或部件的影响。与静力分析不同,动力分析要考虑随时间变化的力载荷以及它对阻尼和惯性的影响。分析类型包括瞬态动力学分析、模态分析、谐波响应分析及随机振动响应分析。

(3)结构非线性分析。求解静态和瞬态非线性问题。分析类型包括材料非线性、几何非线性和单元非线性 3 种。

(4)动力学分析。分析大型三维柔体运动。当运动的积累影响起主要作用时,可使用这些功能分析复杂结构在空间中的运动特性,并确定结构中由此产生的应力、应变和变形。

(5)热分析。可处理热传递的 3 种基本类型,即传导、对流和辐射,及其稳态和瞬态、线性和非线性分析;可以模拟材料固化和熔解过程的相变、热一结构耦合等。

(6)电磁场分析。如分析电感、电容、磁通量密度、涡流、电场分布、磁力线分布、力、运动效应、电路和能量损失等。

(7)流体动力学分析。能进行瞬态或稳态流体动力学分析。

(8)声场分析。研究在含有流体的介质中声波的传播,或分析浸在流体中的固体结构的动态特性。这些功能可用来确定音响、话筒的频率响应,研究音乐厅的声场强度分布,或预测水对振动船体的阻尼效应。

(9)压电分析。分析结构对 AC(交流)、DC(直流)或任意随时间变化的电流或机械载荷的响应。分析类型包括静态分析、模态分析、谐波响应分析及瞬态响应分析。

5.2.3 DEFORM

DEFORM 是美国 SRTC 公司开发的一套基于有限元的材料加工模拟专用软件,用于分析金属成形及其相关的各种成形工艺和热处理工艺,在解决专有问题时很方便、有效。其主要功能及其模型如下:

(1)成形部分。

①冷、温、热锻的成形和热传导耦合分析。

②丰富的材料数据库,包括各种钢、铝合金、钛合金和超合金。

③用户自定义的材料数据库,允许用户自行输入材料数据库中没有的材料。

④提供材料流动、模具充填、成形载荷、模具应力、纤维流向、缺陷形成和韧性破裂等信息。

⑤刚性、弹性和热黏塑性材料模型,特别适用于大变形成形分析。

⑥弹塑性材料模型适用于分析残余应力和回弹问题。

⑦烧结体材料模型适用于分析粉末冶金成形。

⑧完整的成形设备模型可以分析液压成形、锤上成形、螺旋压力成形和机械压力成形。

⑨用户自定义子函数,允许用户定义材料模型、压力模型、破裂准则和其他函数。

⑩网格划线和质点跟踪可以分析材料内部的流动信息及各种场量分布,如温度、应变、应力、损伤及其他场变量等值线的绘制。后处理简单明了。

⑪多变形体模型允许分析多个成形工件或耦合分析模具应力。

⑫基于损伤因子的裂纹萌生及扩展模型可以分析剪切、冲裁和机加工过程。

（2）热处理部分。

①模拟正火、退火、淬火、回火、渗碳等工艺过程。

②预测硬度、晶粒组织成分、扭曲和含碳量。

③专门的材料模型用于蠕变、相变、硬度和扩散。

④可以输入顶端淬火数据来预测最终产品的硬度分布。

⑤可以分析各种材料的晶相，每种晶相都有自己的弹性、塑性、热和硬度属性。

⑥混合材料的特性取决于热处理模拟中每步各种金属相的百分比。

DEFORM 可以分析变形、传热、热处理、相变和扩散之间复杂的相互作用。这些耦合效应包括由塑性变形引起的升温、加热软化、相变控制温度、相变内能、相变塑性、相变应变、应力对相变的影响以及含碳量对各种材料属性产生的影响等。

【例 5.3】　采用 DEFORM 软件模拟计算圆柱体镦粗过程。

【问题描述】　已知变形材料为 2024 铝合金棒材，尺寸为直径 40 mm，高度 60 mm，压下量 25 mm，压下速度 25 mm/s，变形温度 400 ℃，模具温度 20 ℃。上下模尺寸相同，为 $\phi100$ mm×40 mm，材质为高碳钢 AISI－1070。选择美国牌号是为了直接利用软件库中的材料数据文件。

这是一个圆柱体镦粗变形过程，是轴对称问题，可以简化为二维问题，因此可选用 DEFORM2D 软件，以简化计算。下面以 V8.1 版本为例，简述实际操作过程。

首先执行应用程序 DEF_GUI2，打开 DEFORM2D 应用界面，如图 5.87 所示。然后点击窗口界面右上角 DEFORM2D Pre 指令，打开前处理窗口，如图 5.88所示。

点击此主页面上部菜单栏中 Simulation Control 按钮🐛，进行模拟控制设置，选择轴对称、国际单位制、热交换和变形模式，得到图 5.89 所示的结果。点击图 5.89 左侧菜单栏中第二项 Step，默认整个过程分 100 步计算，每 10 步的计算结果保存起来。同时，选择每一增量步所需的时间 0.01 s。点击 OK 回到主页面。点击右侧中部菜单栏 Insert object 按钮🔲两次，增加上模和下模。

（1）编辑 Workpiece 的数据。点击右侧下部菜单栏 Geometry 按钮，再点击 Edit 栏目，输入变形体的几何数据，如图 5.90 所示。

点击 Mesh 按钮，选择单元数量 300，再点击生成网格按钮。然后点击主页面上部菜单栏中 View fit ✛ 按钮，得到图 5.91。

点击主页面上部菜单栏中■按钮，有 3 种方式输入模拟用到的材料的各种性能参数。第一种是在此窗口下新输入各种数据，选择 New 按钮；第二种是调用软件库中的数据，选择 Load from lib. 按钮或者 Import 按钮；第三种是调用用

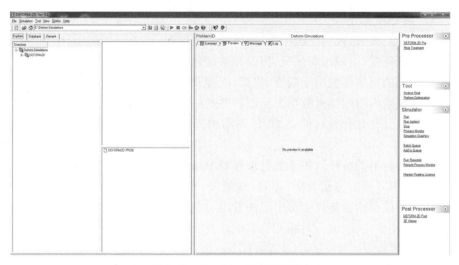

图 5.87　DEFORM2D 应用界面

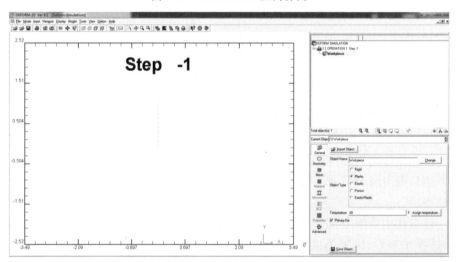

图 5.88　DEFORM2D 前处理窗口界面及主菜单

户已生成的数据文件,选择 Import 按钮。本例题选择第二种方式,调入软件库中的已有文件 ALUMINUM－2024［550－950F（300－500C）］_s000002. KEY 和 AISI－1070，COLD［70－950F(20－500C)］_s000001. KEY。

　　然后,点击右下方 Material 按钮,再点击 Defined 栏目,出现 ALUMINUM－2024［550－950F（300－500C）］_s000002. KEY 和 AISI－1070，COLD［70－950F(20－500C)］_ s000001. KEY。点击铝合金文件,再点击 Assign Material 按钮,将该文件的数据赋予了 Workpiece。

　　最后,点击右下方 General 按钮,再点击 Assign Temperature 按钮,赋予铝

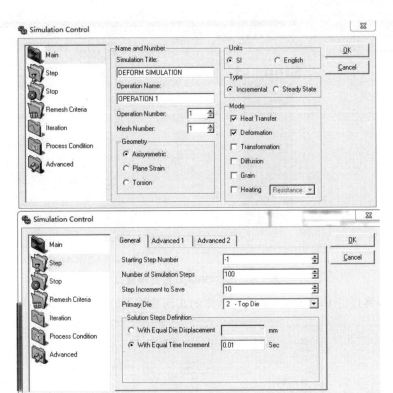

图 5.89　模拟控制窗口界面

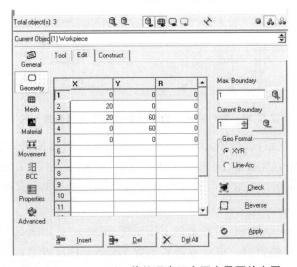

图 5.90　DEFORM2D 前处理窗口右下方界面放大图

合金变形体 400 ℃。

(2)编辑上模的数据。鼠标点击右上方 Top Die,点击右下方菜单栏 Geome-

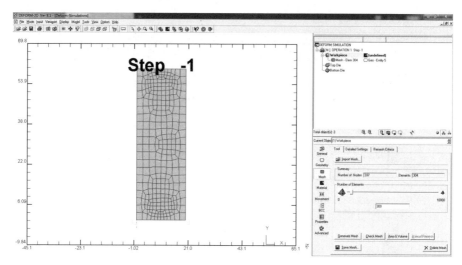

图 5.91 DEFORM2D 前处理窗口

try 按钮,再点击 Edit 栏目,输入变形体的几何数据,如图 5.92 所示。

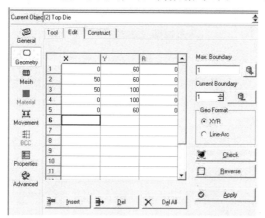

图 5.92 DEFORM2D 前处理窗口右下方界面放大图

点击 Mesh 按钮,选择单元数量 200,再点击生成网格按钮。然后,点击右下方 Material 按钮,再点击 Defined 栏目,点击 AISI－1070,COLD[70－950F (20－500C)] _s000001.KEY,再点击 Assign Material 按钮,将该文件的数据赋予了 Top Die。

点击 Movement 按钮,设置上模下压速度 25 mm/s,如图 5.93 所示。

(3)编辑下模的数据。鼠标点击右上方 Bottom Die,点击右下方菜单栏 Geometry 按钮,再点击 Edit 栏目,输入变形体的几何数据,如图 5.94 所示。

点击 Mesh 按钮,选择单元数量 250,再点击生成网格按钮。然后,点击右下方 Material 按钮,再点击 Defined 栏目,点击 AISI－1070,COLD[70－950F

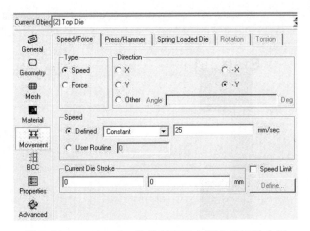

图 5.93　DEFORM2D 前处理窗口右下方界面放大图

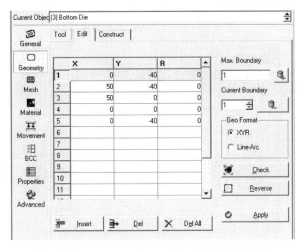

图 5.94　DEFORM2D 前处理窗口右下方界面放大图

(20－500C)]_ s000001.KEY,再点击 Assign Material 按钮,将该文件的数据赋予了 Bottom Die。点击主页面上部菜单栏中 View fit ✣ 按钮,得到图 5.95。

点击主页面上部菜单栏中 Inter－object 按钮,在出现的窗口中开始设置变形体与上下模具之间的关系。模具为主(Master),变形体为仆(Slave),如图 5.96 所示。

点击激活窗口内第一行,并点击减号按钮,删除这一关系。点击激活 Top Die－Workpiece 一行,再点击 Edit 按钮,出现图 5.97 所示的窗口,在 Deformation 一栏中输入摩擦因子 0.3(摩擦因子取值从 0 到 1,无量纲,根据实际情况确定),在 Thermal 一栏中输入界面换热系数 11。注意单位量纲,这一数值也要根据实际情况来确定,但一般锻造情况下,11 是比较合适的。点击 Close 按钮,返回上一个窗口。

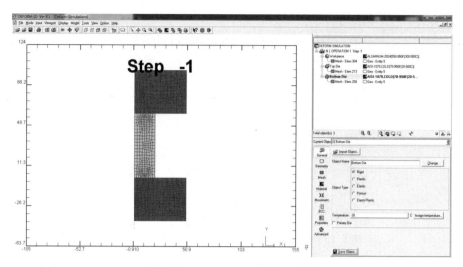

图 5.95　DEFORM2D 前处理窗口

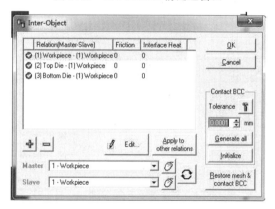

图 5.96　DEFORM2D 前处理实体界面关系窗口

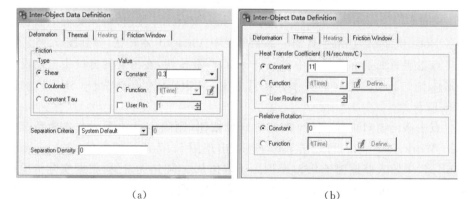

(a)　　　　　　　　　　　　　　　　(b)

图 5.97　DEFORM2D 前处理实体界面参数输入窗口

同理，点击激活 Bottom Die — Workpiece 一行，再点击 Edit 按钮，在 Deformation一栏中输入摩擦因子 0.3，在 Thermal 一栏中输入界面换热系数 11（或点击 Apply to other relations 按钮）。点击 Close 按钮，返回上一个窗口。

点击 Tolerance 按钮，再点击 Generate all 按钮，得到图 5.98 所示的结果。点击小窗口中的 OK 按钮，返回上一个窗口。

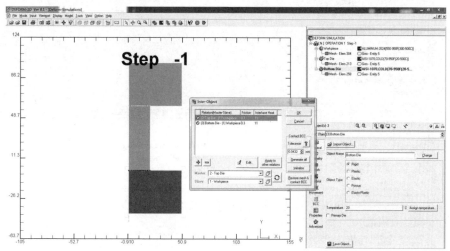

图 5.98　DEFORM2D 前处理窗口

点击主页面上部菜单栏中 Database Generation 按钮，生成数据库文件，取名"52.DB"。点击 Check 按钮，检查前处理输入结果是否有误，如无误，点击 Generate 按钮，生成最后文件，如图 5.99 所示。点击 Close 按钮，返回。

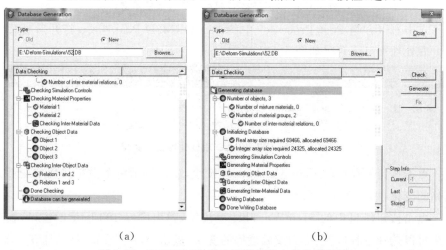

（a）　　　　　　　　　　　　　　（b）

图 5.99　DEFORM2D 前处理数据库文件生成界面

点击主页面上部菜单栏中 Exit 按钮，退出前处理窗口，返回 DEFORM2D

主窗口。

点击激活 52. DB 文件,再点击主菜单中的 Start 按钮或右侧 Simulator 中的 Run 指令,开始计算。通过 Message 和 Log 两个栏目了解运算过程和进度,如图 5. 100 所示。

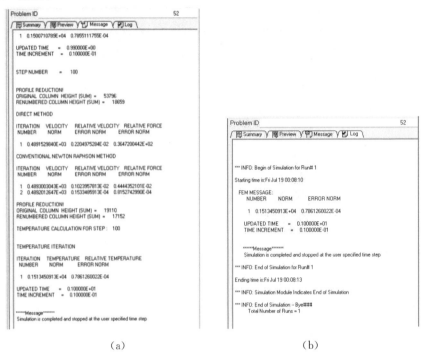

（a） （b）

图 5. 100　DEFORM2D 模拟计算过程显示窗口

点击右下方侧 Post Processor 中的 DEFORM2D Post 指令,打开后处理窗口。后处理窗口主菜单如图 5. 101 所示。

图 5. 101　DEFORM2D 后处理窗口主菜单

点击按钮栏目中的 Play Forward ▶按钮,窗口显示整个镦粗过程中变形体网格的变化,如图 5. 102 所示。

点击按钮栏目中的 State Variable 按钮,弹出图 5. 103 所示的窗口,在窗口中可以选择各种应变、应力及温度等的变量,点击 Apply 按钮,显示计算结果。

点击按钮栏目中的 One Step Forward 按钮,可以显示每一保存步的计算结果。图 5. 104～5. 106 就是镦粗过程中变形体内部等效应变、等效应力和温度

Step 20   Step 60   Step 100

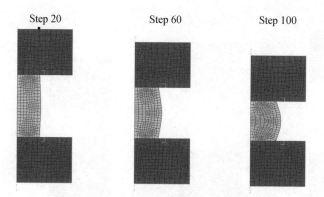

图 5.102 镦粗过程中变形体网格的变化

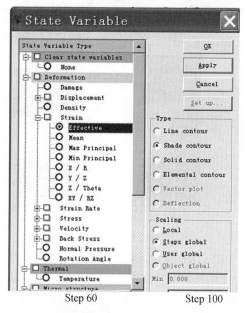

分

Step 20   Step 60   Step 100

   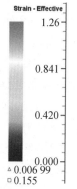

图 5.104 等效应变计算结果

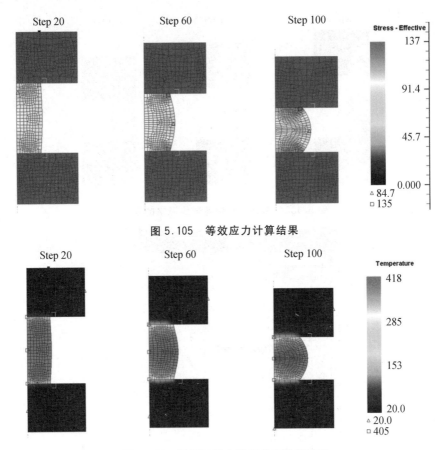

图 5.105　等效应力计算结果

图 5.106　镦粗过程中温度分布计算结果

【例 5.4】　采用 DEFORM 软件模拟计算板材冲孔过程。

【问题描述】　已知变形材料为 20 钢，尺寸为直径 60 mm，厚度 1 mm。中心冲孔直径 20 mm，冲头压下速度 50 mm/s，刃口间隙 0.1 mm。

这是一个轴对称问题，可以简化为二维问题，因此可选用 DEFORM2D 软件以简化计算。下面以 V10 版本为例，简述实际操作过程。

首先执行应用程序 DEF_GUI2，打开 DEFORM2D 应用界面。然后点击窗口界面右上角 DEFORM－2D Pre 指令，打开前处理窗口。

点击此主页面上部菜单栏中 Simulation Control 按钮 ，进行模拟控制设置，选择轴对称、国际单位制和变形模式。点击此页面左侧菜单栏中第二项 Step，默认整个过程分 2 400 步计算，每 200 步的计算结果保存起来。同时，选择每一增量步所需时间 0.000 02 s。点击 OK 回到主页面。

点击主页面上部菜单栏中 按钮，选择 Import 按钮，调用软件库中的已有文件 AISI－1020（Machining）_ s000008（窗口内显示为 AISI－1020（Oxley's

Equation))。

点击此窗口内 Advanced 栏目,选择 Cockcroft & Latham 断裂模型,点击 按钮,赋值 0.45,如图 5.107 所示。

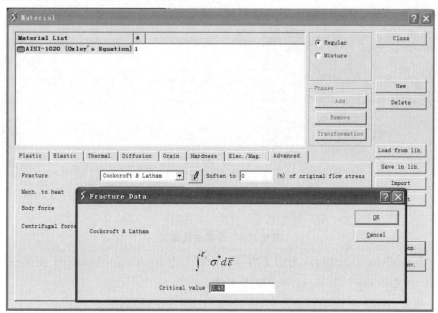

图 5.107 Cockcroft & Latham 断裂模型窗口

点击 OK 按钮,返回 Material 窗口,点击 Close 按钮,返回前处理窗口。

点击右侧中部菜单栏 Insert object 按钮🔍两次,增加上模和下模。先选中 Workpiece 进行编辑。点击右侧下部菜单栏 Geometry 按钮,再点击 Edit 栏目, 输入变形体的几何数据。同样编辑上模(Top Die)和下模(Bottom Die),具体几 何数据如图 5.108 所示。注意此处上模外径小于下模内径。

General	Tools	Edit	Topology	Construct
		X	Y	R
Geometry	1	0	0	0
	2	30	0	0
Mesh	3	30	1	0
	4	0	1	0
Movement	5	0	0	0
	6			
Bdry. Cnd.	7			
	8			
Properties	9			

(a)

Tools	Edit	Topology	Construct
	X	Y	R
1	0	1	0
2	9.9	1	0
3	9.9	10	0
4	0	10	0
5	0	1	0
6			
7			
8			
9			

(b)

Tools	Edit	Topology	Construct
	X	Y	R
1	10	0	0
2	10	-10	0
3	30	-10	0
4	30	0	0
5	10	0	0
6			
7			
8			
9			

(c)

图 5.108 板材及上下模具造型的几何数据

选择变形工件,点击 Mesh 按钮,在 Tool 栏目内,选择单元数为 1 000。

点击 Detailed Settings 栏目,选择用户自定义 User Defined,设置单元尺寸

Element Size 为 1 时,分别选择边界和内部,用鼠标点击冲孔断裂处;同理设置单元尺寸 Element Size 为 3 时,用鼠标点击冲孔断裂处周围(分别为边界和内部)。

点击 Generate Mesh 按钮,生成网格,如图 5.109 所示。显然这种方法可以调整网格大小与分布。断裂处网格要细一些,同时计算步长要小一些。

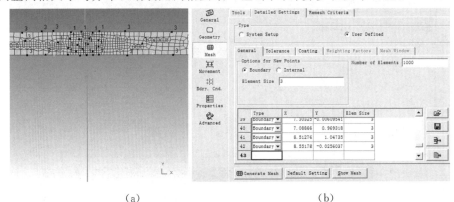

(a)   (b)

图 5.109   网格生成窗口

点击 General 按钮,点击右下方 Material 一栏的 Assign Material 按钮⊡,将 AISI—1020(Oxley's Equation)赋予工件。

然后点击主页面上部菜单栏中 View fit ⊕ 按钮,得到图 5.110。

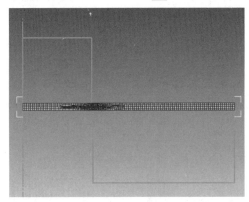

图 5.110   前处理平台显示窗口

激活上模后,点击 Movement 按钮,设置上模下压速度 50 mm/s。

点击主页面上部菜单栏中 Inter—object ⊡ 按钮,开始设置变形体与上下模具之间的关系。模具为主(Master),变形体为仆(Slave)。点击 Tolerance 按钮,再点击 Generate all 按钮,如图 5.111 所示。

点击小窗口中的 OK 按钮,返回上一个窗口。

点击主页面上部菜单栏中 Database Generation ⊜ 按钮,输入生成 DB 文件

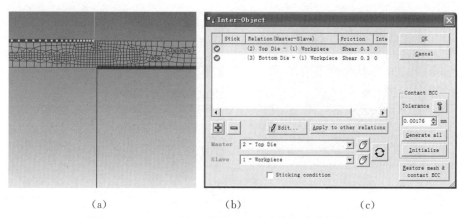

（a）   （b）   （c）

图 5.111　DEFORM2D 前处理平台实体界面参数输入窗口

名,点击 Check 按钮,检查前处理输入结果是否有误,如无误,点击 Generate 按钮,生成最后的文件。点击 Close 按钮返回。

　　点击主页面上部菜单栏中 Exit 🔲 按钮,退出前处理窗口,返回 DEFORM2D 主窗口。

　　点击激活如上所说 DB 文件,再点击主菜单中的 Start 按钮或右侧 Simulator 中的 RUN 指令,开始计算。通过 Message 和 Log 两个栏目了解运算过程和进度。

　　点击右下方侧 Post Processor 中的 DEFORM2D Post 指令,打开后处理窗口。

　　点击按钮栏目中的 Play Forward 按钮,窗口显示整个变形过程中变形体网格的变化,如图 5.112 所示。虽然开始计算时,网格设置得有疏有密,但是计算之后网格重画时,软件没再考虑疏密情况。

　　【例 5.5】　采用 DEFORM 软件模拟计算包套挤压过程。

　　【问题描述】　已知变形材料为钨铜 40 烧结棒材,尺寸为直径 40 mm,高度 38 mm。钢套材质为 45 钢,外径 50 mm,挤压比为 1∶4,压下速度 25 mm/s,变

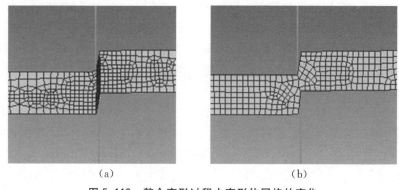

（a）   （b）

图 5.112　整个变形过程中变形体网格的变化

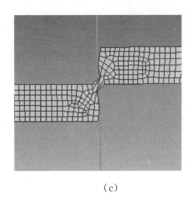
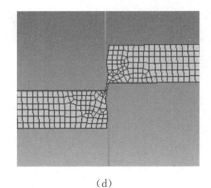

(c)　　　　　　　　　　　　　　(d)

续图 5.112

形温度 900 ℃,模具温度 300 ℃,模具材质为高碳钢。

这仍是一个轴对称问题,可以简化为二维问题,因此可选用 DEFORM2D 软件以简化计算。下面以 V8.1 版本为例,简述实际操作过程。

首先执行应用程序 DEF_GUI2,打开 DEFORM2D 应用界面。然后点击窗口界面右上角 DEFORM-2D Pre 指令,打开前处理窗口。

点击此主页面上部菜单栏中 Simulation Control 按钮 🍇,进行模拟控制设置,选择轴对称、国际单位制、热交换和变形模式。点击此图左面菜单栏中第二项 Step,默认整个过程分 700 步计算,每 50 步的计算结果保存起来。同时,选择每一增量步所需时间 0.002 s。点击 OK 回到主页面。

点击主页面上部菜单栏中 ▧ 按钮,有 3 种方式输入模拟用到的材料的各种性能参数。选择 Import 按钮,调用用户已生成的数据文件 WCu40(700-950).KEY、high-carbon-material_s000000. KEY 和软件库中的已有文件 AISI-1045〔1650-2200F(900-1200C)〕_ s000002. KEY。

点击右侧中部菜单栏 Insert object 按钮 🔍 3 次,增加上模、下模和包套。先选中 Workpiece 进行编辑。点击右侧下部菜单栏 Geometry 按钮,再点击 Edit 栏目,填表输入变形体几何数据。同样编辑上模(Top Die)、下模(Bottom Die)和包套(Object 4),具体几何数据如图 5.113 所示。注意此处上模外径大于下模内径,实际上一定发生干涉,但是虚拟的模拟过程可以没有问题,软件可以不考虑上下模之间的关系。读者也可试试选择上模外径小于下模内径,看看会有怎样的结果。

点击 Mesh 按钮,分别选择变形工件、上模、下模和包套的单元数量为 300、200、500 和 300,再点击生成网格按钮。之后,点击右下方 Material 按钮,再点击 Defined 栏目,出现 WCu40(700-950). KEY、high-carbon-material_s000000. KEY 和 AISI-1045〔1650-2200F(900-1200C)〕_ s000002. KEY。点击 Assign Material 按钮,分别将它们赋予变形工件、上模、下模和包套。

点击右下方 General 按钮，再点击 Assign Temperature 按钮，赋予变形工件、上模、下模和包套的温度分别为 900 ℃、20 ℃、300 ℃和 900 ℃。在此菜单中，将包套的设置(Object Type)由刚体(Rigid)变为变形体(Plastic)。

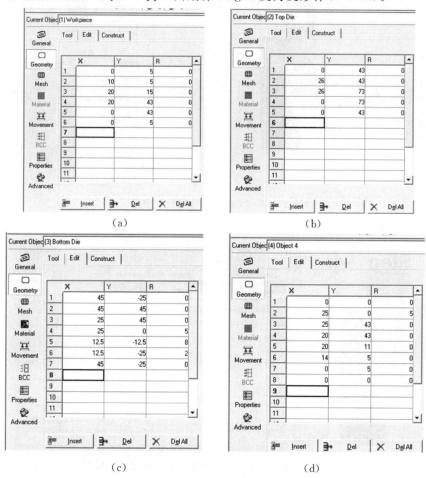

（a）　　　　　　　　　　　（b）

（c）　　　　　　　　　　　（d）

图 5.113　工件、上模、下模和包套的变形体几何数据

然后，点击主页面上部菜单栏中 View fit 按钮，得到图 5.114。

激活上模后，点击 Movement 按钮，设置上模下压速度 25 mm/s。

点击主页面上部菜单栏中 Inter－object 按钮，开始设置变形体与上下模具之间的关系。模具为主(Master)，变形体为仆(Slave)。变形体之间选择包套为主，也可以反过来选择，不妨尝试看看结果。

反复点击激活窗口内加号按钮，再选择不同的主仆关系。点击 Edit 按钮，在 Deformation 一栏中输入摩擦因子 0.3，在 Thermal 一栏中输入界面换热系数 11。点击 Apply to other relations 按钮，点击 Tolerance 按钮，再点击 Generate

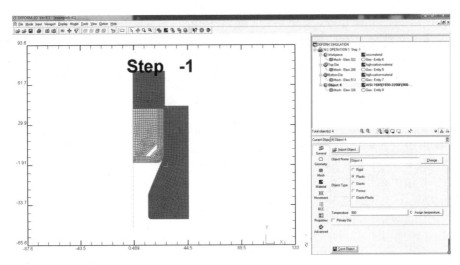

图 5.114　DEFORM2D 前处理窗口

all 按钮,如图 5.115 所示。

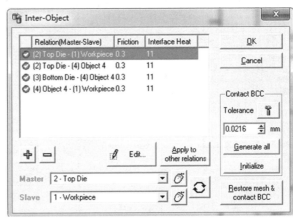

图 5.115　DEFORM2D 前处理实体界面参数输入窗口

点击小窗口中的 OK 按钮,返回上一个窗口。

点击主页面上部菜单栏中 Database Generation 🔘 按钮,生成数据库文件。点击 Check 按钮,检查前处理输入结果是否有误,如无误,点击 Generate 按钮,生成最后文件。点击 Close 按钮返回。

点击主页面上部菜单栏中 Exit 📦 按钮,退出前处理窗口,返回 DEFORM2D 主窗口。

点击激活上述生成的数据库文件,再点击主菜单中的 Start 按钮或右侧 Simulator 中的 Run 指令,开始计算。通过 Message 和 Log 两个栏目了解运算过程和进度。

计算时，由于网格畸变，软件可能自动重新画网格，并自动计算下去。但若重画网格失败，可以考虑手动重画网格。根据运行出错信息窗口，如图 5.116 所示，可以知道是物体 1，也就是 Workpiece 单元 306 号和物体 4，即包套单元 102 号出现了畸变。这时可以返回前处理窗口，选择最后一步输入，激活 Workpiece 或包套，点击 Mesh 按钮，出现 Manual Remesh 按钮，点击它。之后点击 Inter—object 按钮，重新生成接触点信息，点击 Tolerance 按钮，再点击 Generate all 按钮。点击 Database Generation 按钮，仍生成原名数据库文件。点击 Generate 按钮，生成最后文件。点击 Close 按钮返回。

```
PROGRAM STOPPED!
NEGATIVE JACOBIAN DETECTED AT ELEMENT NO.  306 OF OBJECT NO.  1.
Please check the mesh for folds, check die
geometry, and die-workpiece interaction.



SORRY, NEGATIVE JACOBIAN DETECTED AT ELEMENT NO.  102 OF OBJECT   4
DXJ,S,T =    0.5131031   -0.5773503   -0.5773503
```

图 5.116　DEFORM2D 运行出错信息窗口

　　点击主页面上部菜单栏中 Exit 按钮，退出前处理窗口，返回 DEFORM2D 主窗口。重新运算，可能反复多次，最后完成全部计算。

　　点击右下方侧 Post Processor 中的 DEFORM2D Post 指令，打开后处理窗口。

　　点击按钮栏目中的 Play Forward 按钮，窗口显示整个变形过程中变形体网格的变化，如图 5.117 所示。

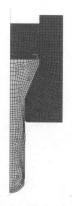

图 5.117　包套挤压变形过程中变形体网格的变化

　　【例 5.6】　采用 DEFORM 软件模拟计算圆柱坯拔长过程。

　　【问题描述】　已知变形材料为 45 钢，尺寸为直径 200 mm，长度 1 000 mm，

加热至 $1\ 000\ ℃$。上砧尺寸 $150\ mm×300\ mm×300\ mm$,步进量$100\ mm$,每步压下量 $50\ mm$,环境温度为 $20\ ℃$。

【软件操作】 以 DEFORM3D 软件 V10 版本的 cogging 模块为例,简述实际操作过程。

打开 DEFORM3D 程序主界面,点击窗口界面左上角 New Problem 按钮 ,在建立新问题的页面中选择"Cogging wizard"类型,同时选择单位制为国际单位制"SI",如图 5.118 所示。

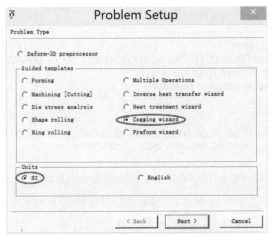

图 5.118　DEFORM3D 新建任务类型选择界面

点击"Next"按钮选择新建任务的目标位置并为新建任务命名。新建任务的默认存储路径是"C:\Users\lenovo\Documents\Problem\"下的文件夹,也可以新建文件夹,自定义其存储位置,如图 5.119 所示。

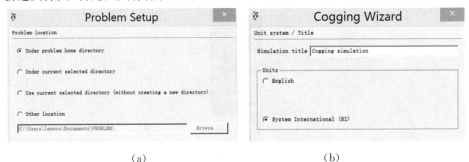

(a)　　　　　　　　　　　　　(b)

图 5.119　Cogging 模块新建任务窗口

点击 Next 按钮进入拔长工艺的主要参数设计阶段。在 Use Manipulators 选项下选择"Yes",可以实现对多道次拔长工序间坯料翻转的模拟,对计算误差、应变速率等工艺参数选用默认值,如图 5.120 所示。

图 5.120 模拟控制窗口界面

点击 Next 按钮对坯料、上下砧和翻钢机进行设置。首先复制 DEFORM3D软件所在位置(如 C:\Program Files\SFTC\Deform 10.2\3D)"Labs"文件夹下的 KEY 文件 ⬜,将其粘贴到新建任务的路径(本例为 C:\ Users\ lenovo\ Documents\ Problem\)下,然后可以对各部分进行尺寸、温度、变形参数的设定,并划分网格,如图 5.121~5.124 所示。

在下拉界面右侧 3D COGGNG SETUP 菜单中可以看到拔长工艺参数设置历史,点击右下角"Pass+"按钮可以设置多道次拔长,本例中设置两道拔长工序,工序间工件翻转 90°,如图 5.125 所示。

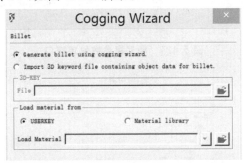

图 5.121 Cogging 模块坯料模型定义界面

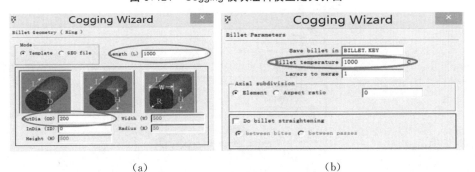

(a)   (b)

图 5.122 坯料参数设定窗口

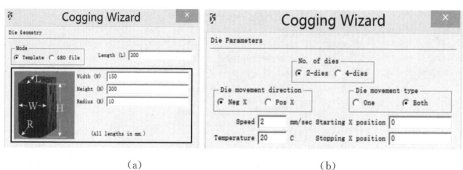

（a）　　　　　　　　　　　　　（b）

图 5.123　上下砧参数设定窗口

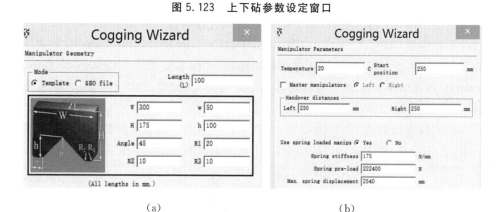

（a）　　　　　　　　　　　　　（b）

图 5.124　翻钢机参数设定窗口

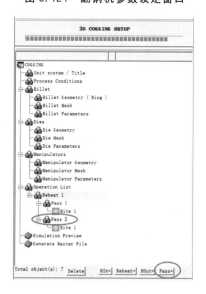

图 5.125　多道次拔长工序设置

在每道工序下分别设置锻件加热条件和拔长工艺参数。在"Pass 1"下点击右下角的"BiteH＋"按钮，再在"Auto－calculate bite"选项下选择"Yes"。图5.126和图5.127给出了第一道工序的参数设置情况。将"Nominal bite"设为100，代表每步送进量是100 mm，"No. of simulation steps"表示上、下砧每次下压的计算步数，"Stroke per step"为每步的压下量，分别设为20和1.25，则每次压下量为20×1.25×2＝50(mm)。"Step increment to save"设为10，表示隔10步保存至 DB 文件。

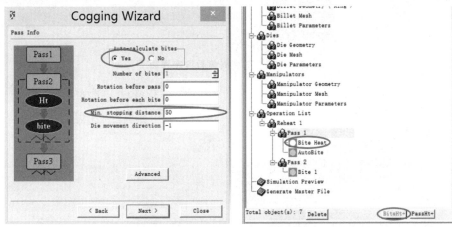

图 5.126　第一道次预热参数定义窗口

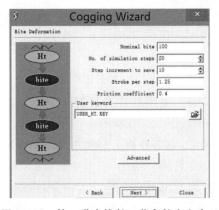

图 5.127　第一道次拔长工艺参数定义窗口

值得注意的是，为了实现工序间坯料的翻转，需在"Pass 2"的设置中将"Rotation before pass"设为90，"Min. stopping distance"设为0，其他参数设置与"Pass 1"相同，如图5.128所示。

完成设置后，可以创建并运行该任务的 MDT 文件。点击右侧菜单栏中的"Simulation Preview"可以预览整个拔长过程，如图5.129所示。

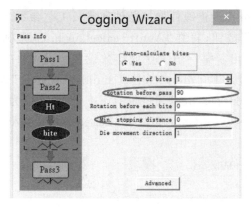

图 5.128　工序间参数设定界面

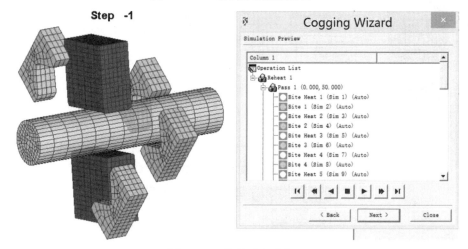

图 5.129　拔长过程预览

确认后连续点击"Next"，采用默认参数创建 MDT 文件，然后点击 Finished 按钮，MDT 文件生成界面如图 5.130 所示。

MDT 文件创建成功后，点击界面上部菜单栏中的 EXIT 按钮 █ 退出前处理界面，返回 DEFORM3D 主界面。

在主界面左侧文件树中选中"COGGING.MDT"文件，点击主界面右侧"Simulator"下的"Run"选项生成 DB 文件，如图 5.131 所示。

DB 文件生成后，可以点击主界面右侧"Post Processor"下的"DEFORM－3D Post"选项进入后处理，对拔长结果进行分析，如图 5.132～5.134 所示。

5.2.4　DYNAFORM

DYNAFORM 软件是由美国 ETA 公司和 LSTC 公司联合开发的用于板料成形数值模拟的专用软件，是 LS－DYNA 求解器与 ETA/FEMB 前后处理器的

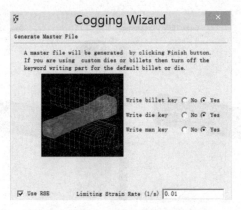

图 5.130 MDT 文件生成界面

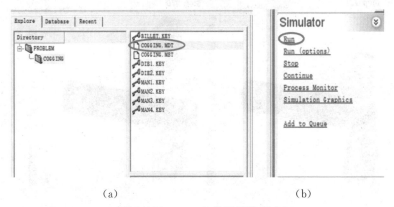

(a) (b)

图 5.131 MDT 文件运行选择窗口

(a) (b)

图 5.132 运行生成的 DB 文件

完美结合,求解器(LS－DYNA)采用的是世界上著名的通用显示动力为主、隐式为辅的有限元分析程序,能够真实模拟板料成形中各种复杂问题,是当今流行的板料成形与模具设计的 CAE 工具之一。

DYNAFORM 软件包含 BSE、DFE、Formability 三大模块,几乎涵盖冲压模模面设计的所有要素,包括定最佳冲压方向、坯料的设计、工艺补充面的设计、拉

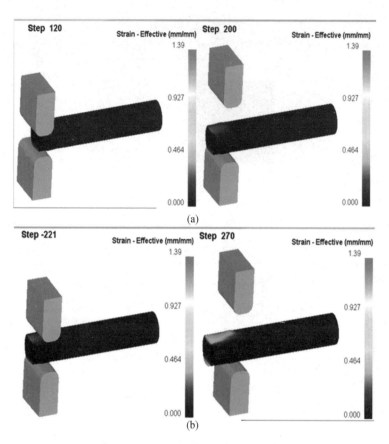

(a)

(b)

图 5.133 拔长前两步示意图

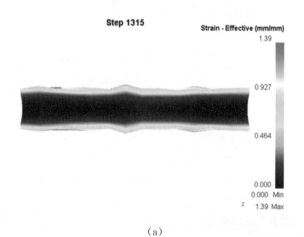

（a）

图 5.134 坯料的等效应变和温度分布

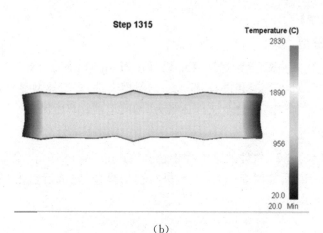

(b)

续图 5.134

延筋的设计、凸凹模圆角设计、冲压速度的设置、压边力的设计、摩擦系数、切边线的求解、压力机吨位等。DYNAFORM 软件设置过程与实际生产过程一致,操作容易。它可以对冲压生产的全过程进行模拟,包括坯料在重力作用下的变形、压边圈闭合过程、拉延过程、切边回弹、回弹补偿、翻边、胀形、液压成形及弯管成形;还可以预测成形过程中板料的裂纹、起皱、减薄、划痕、回弹、成形刚度、表面质量及评估板料的成形性能,从而为板材成形工艺及模具设计提供帮助。

　　DYNAFORM 软件适用的设备有单动压力机、双动压力机、无压边压力机、螺旋压力机、锻锤、组合模具和特种锻压设备等。

　　DYNAFORM 的具体功能如下:

　　(1)良好的 CAD 软件接口。

　　(2)网格自适应细分,可以在不显著增加计算时间的前提下提高计算精度。

　　(3)显、隐式无缝转换。允许用户在求解不同的物理行为时在显、隐式求解器之间进行无缝转换,如在拉延过程中应用显式求解,在后续回弹分析中则切换到隐式求解。

　　(4)采用一步法求解器,可以方便地将产品展开,从而得到合理的落料尺寸。

　　(5)可以从零件的几何形状进行模具设计,包括压料面与工艺补充。

　　(6)包含一系列基于曲面的自动工具,如冲裁填补功能、冲压方向调整功能以及压料面与工艺补充生成功能等,可以帮助模具设计工程师进行模具设计。

　　【例 5.7】　采用 DYNAFORM 软件模拟计算圆筒形件拉深过程(三维)。

　　【问题描述】　已知变形材料为不锈钢 SS304 板材,直径 82 mm,板厚 1 mm。零件为外径 39.2 mm、高度 6.3 mm 的圆圆筒形件。

　　这是一个圆圆筒形件拉深的变形过程,因此可选用 DYNAFORM 软件。下面以 V5.9 版本为例,简述其模拟的实际操作过程。

【软件操作】

1.导入模型

启动 DYNAFORM 后,选择菜单栏"File/Import"命令,导入三维造型软件生成的板料 BLANK.igs 和模具 die.igs 的数模文件,观察模型显示,然后选择菜单"File/Save as"命令,将这个文件命名为"圆筒形件.df"后保存并退出对话框。

2.初始设置

在 DYNAFORM 软件的菜单栏中选择"Setup/AutoSetup"命令,弹出"New simulation"对话框,如图 5.135 所示,进行初始设置,完成后点击"OK"按钮,弹出图 5.136 所示的"Sheet forming"对话框。

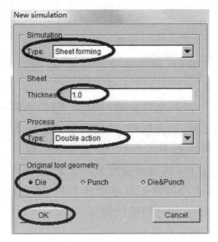

图 5.135 "New Simulation"对话框

图 5.136 "Sheet forming"对话框

3.板料零件"BLANK"的定义

在图 5.136 所示的"Sheet forming"对话框中,点击"BLANK"选项卡,点击

"Define geometry"按钮,弹出图 5.137 所示的"Define geometry"对话框,点击其中"Add Part"按钮,弹出图 5.138 所示的"Select Part"对话框,选择"BLANK",点击"OK"按钮,退出"Select Part"对话框,再点击"Exit"按钮,退出"Define geometry"对话框,返回图 5.139 所示的"Sheet forming"对话框。点击"BLANK-MAT"按钮,弹出"Material"对话框,如图 5.140 所示,点击"Material Library"按钮,如图 5.141 所示进行材料选择,点击"OK"按钮,进入图 5.142 所示的"Material"对话框,该对话框显示材料类型为"T36"、材料名称为"SS304"的材料应力—应变曲线,点击"OK"按钮,完成板料零件"BLANK"的定义。

图 5.137　"Define geometry"对话框　　图 5.138　"Select Part"对话框

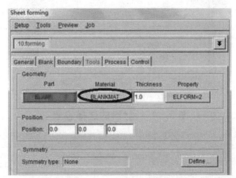

图 5.139　完成"BLANK"选择后的"Sheet forming"对话框

4. 凹模零件"die"的定义

在图 5.143 的"Sheet forming"对话框中点击"Tools"选项卡中的"die"按钮,点击"Define geometry"按钮,点击"Add Part"按钮,弹出"Select Part"对话框,点选"die"后,零件"die"呈白色高亮显示,点击"OK"按钮,退出"Select part"对话框。点击"Exit"按钮,由"Define geometry"对话框返回到"Sheet forming"对话框,完成零件"die"的定义。

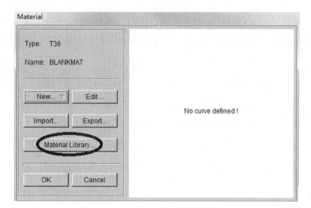

图 5.140　"Material"对话框

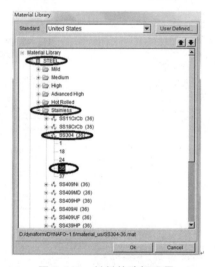

图 5.141　材料的选择设置

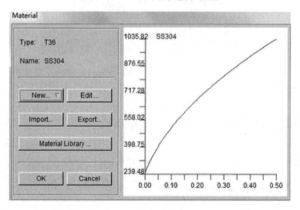

图 5.142　T36 SS304 材料的应力－应变曲线

5. 凸模零件"punch"的定义

在图 5.143 所示的"Sheet forming"的对话框中点击"Tools"选项卡中的"punch"按钮,再点击"Define geometry..."按钮,弹出"Define geometry"对话框,如图 5.144 所示,点击"Copy Elem..."按钮弹出"Copy elements"对话框,如图 5.145 所示,点击其中"Select..."按钮,弹出图 5.146 所示的"Select Elements"对话框,点击"Displayed"按钮,令零件"die"呈白色高亮显示,此时可将零件"BLANK"处于关闭状态,只显示零件"die",以便进行观察与操作,点击"Spread"按钮,并调整"Angle"滑块数值为 1,勾选"Exclude",点击零件"die"凸缘面,使零件"die"除凸缘面外的部位处于白色高亮显示,点击"OK"按钮,退出"Select Elements"对话框,如弹出图 5.145 所示"Copy elements"对话框,点击"Apply"按钮,依次点击"Exit"按钮,直至退到"Sheet forming"对话框,完成零件"punch"的定义,如图 5.147 所示。

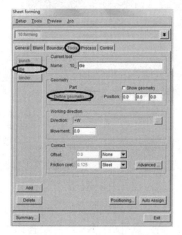

图 5.143 定义凹模零件"die"

图 5.144 定义几何模型

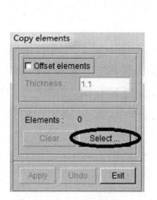

图 5.145 复制单元对话框

图 5.146 选择单元对话框

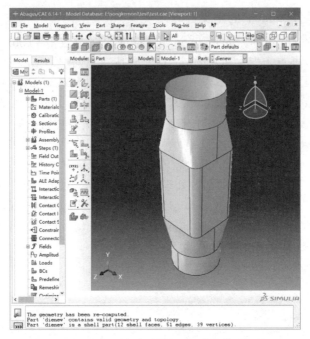

图 5.147　完成零件"punch"的定义

6. 压边圈零件"BINDER"的定义

在"Sheet forming"对话框中点击"binder"按钮,点击"Define geometry"按钮,弹出"Define geometry…"对话框,点击"Copy Elem…"按钮,弹出"Copy elements"对话框,点击"select…"按钮弹出"Select Elements"对话框,如图 5.148 所示,点击按钮"Spread",调整滑块数值为 1,点击选择零件"die"的凸缘面,零件凸缘面呈白色高亮显示,如图 5.149 所示。点击"OK"按钮,退出"Select Elements"对话框,点击"Apply"按钮后,依次点击"Exit"按钮,直至返回"Sheet forming"对话框,完成压边圈零件"BINDER"的定义。

7. 模具初始定位设置

在"Sheet forming"对话框中点击"Positioning…"按钮,如图 5.150 所示,弹出"Positioning"对话框,如图 5.151 所示。选择工具栏中的"Left View"按钮来调整视角,设置成图 5.151 所示的参数,模型位置如图 5.152 所示,此时将 BLANK 零件打开,并将"Surfaces"的勾去掉,如图 5.153 所示,完成了模具初始定位设置。

8. 模具拉深行程参数设置

在图 5.154 所示的"Sheet forming"对话框中点击"Process"选项卡,点击"closing"按钮,采用系统缺省值,再点击"drawing"按钮,进行图 5.155 所示的相

图 5.148　"Select Elements"对话框

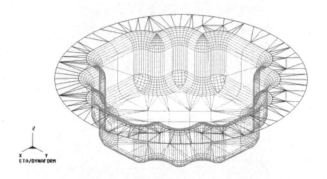

图 5.149　选择零件"die"凸缘面

应参数设置,完成了拉深行程等工艺参数的设置。

9.模具运动规律的动画模拟演示

在图 5.155 所示"Sheet forming"对话框中点击菜单栏"Preview/Animate"命令,弹出对话框,如图 5.156 所示,调整滑块"Frames/Second"数值为 10,点击"Play"按钮,进行动画模拟演示。通过观察动画,可以判断模具运动设置是否正确合理。点击"Stop"按钮结束动画,返回"Sheet forming"对话框。

10.提交 LS－DYNA 进行求解计算

在提交运算前,先保存已经设置好的文件,再在"Sheet forming"对话框中点

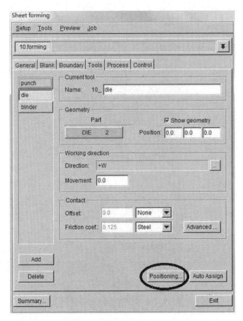

图 5.150 "Sheet forming"对话框

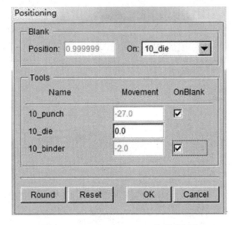

图 5.151 Positioning 参数设置

击菜单栏"Job/Full Dyna..."命令,弹出"Submit job"对话框,如图 5.157 所示。点击"Submit"按钮开始计算,如图 5.158 所示。

至此,采用"Auto Setup"方式进行前处理步骤全部结束。等待运算结束后,可在后处理模块中观察整个模拟结果。

11. 后处理

提交 LS－DYNA 计算结束后,可以在后处理模块中,打开相应的"∗.d3Plot"文件,观察计算分析结果,从中获得拉深件的成形极限图,如图5.159

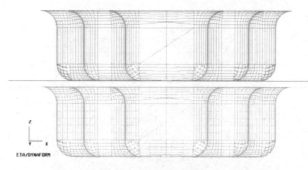

图 5.152　模具定位情况示意图

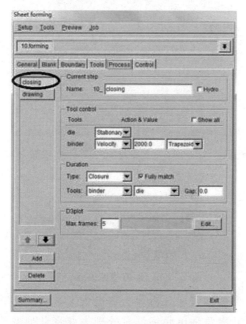

图 5.153　关闭 Surfaces 显示

图 5.154　"closing"参数设置

所示,拉深件的壁厚分布云图如图 5.160 所示。

5.2.5　MSC.Marc

MSC.Marc 是功能齐全的高级非线性有限元软件的求解器,具有极强的结构分析能力,可以处理各种线性和非线性结构分析,包括线性/非线性静力分析、模态分析、简谐响应分析、频谱分析、随机振动分析、动力响应分析、自动的静/动

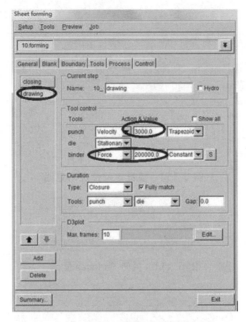

图 5.155　拉深行程相应参数的设置

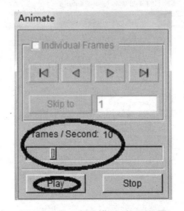

图 5.156　动画模拟演示设置

力接触、屈曲/失稳、失效和破坏分析等。它提供了丰富的结构单元、连续单元和特殊单元的单元库,几乎每种单元都具有处理大变形几何非线性、材料非线性和包括接触在内的边界条件非线性以及组合的高度非线性的超强能力。MSC. Marc 的结构分析材料库提供了模拟金属、非金属、聚合物、岩土、复合材料等多种线性和非线性复杂材料行为的材料模型。分析采用具有高数值稳定性、高精度和快速收敛的高度非线性问题求解技术。对非结构的场问题(如包含对流、辐射、相变潜热等复杂边界条件)的非线性传热问题的温度场以及流场、电场、磁场,也提供了相应的分析求解能力,并具有模拟流—热—固、土壤渗流、声—结

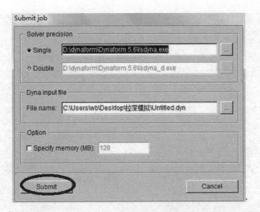

图 5.157　提交运算设置

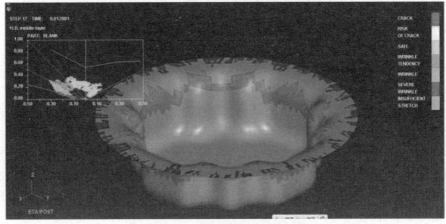

图 5.158　提交 LS-DYNA 进行求解运算

图 5.159　拉深件的成形极限图

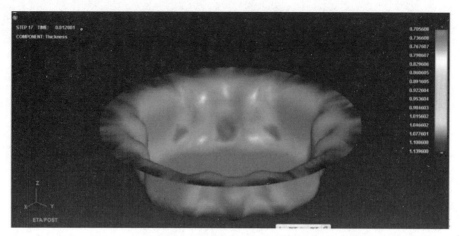

图 5.160　拉深件的壁厚分布云图

构、耦合电－磁、电－热、电－热－结构以及热－结构等多种耦合场的分析能力。

MSC. Marc/MENTAT 是前后处理器,具有一流的实体造型功能,二维三角形和四边形,三维四面体和六面体网格自动划分建模能力,多种材料模型和边界条件的定义功能,分析过程控制定义和递交分析,自动检查分析模型完整性的功能,实时监控分析功能,方便的可视化处理计算结果能力,先进的光照、渲染、动画和电影制作等图形功能,并可直接访问常用的 CAD/CAE 系统。

MSC. Marc/AutoForge 采用了先进的有限元网格和求解技术,快速模拟各种冷热锻造、挤压、轧制以及多步锻造等体积成形过程的专用软件。MSC. Marc/Fatigue 是专用的耐久性疲劳寿命分析软件,可用于零部件的初始裂纹分析、裂纹扩展分析、应力寿命分析、焊接寿命分析、随机振动寿命分析、整体寿命预估分析、疲劳优化设计等。同时,该软件还拥有丰富的与疲劳断裂有关的材料库、疲劳载荷和时间历程库等。MSC. Marc/Link 是与其他系列 CAD/CAE 软件的集成界面,将分析延伸并扩展到各种组合的复杂非线性问题。

MSC. Marc 还提供了开放式用户环境,方便用户在几乎所有环节上扩展其分析能力。

【例 5.8】　超塑成形的 MSC. Marc 有限元初步模拟。

【问题描述】　超塑成形的 TC4 钛合金深圆筒形件的形状尺寸如图 5.161 所示,端口直径为 ϕ419 mm,高度为 212 mm,零件材料为 TC4 钛合金。板料原始厚度为 3.3 mm,侧壁厚度要求在(1.6±0.2) mm 范围内。由于零件材料和形状的特殊性,制订以下加工工序:通过圆形 TC4 板料的超塑成形,得到带底部和法兰的深筒形零件毛坯,然后割掉毛坯的法兰与底部,得到最终零件,其制造流程如图 5.162 所示。

根据计算可知,超塑成形后零件变形区表面积与原面积之比达到了 3∶1,这

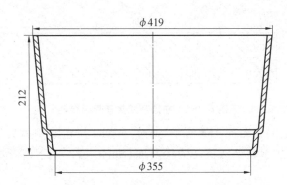

图 5.161　TC4 钛合金深圆筒形件形状尺寸

图 5.162　TC4 钛合金深圆筒形件的制造流程

意味着使用单一的凹模成形法会使零件侧壁减薄得严重。若不对壁厚的均匀性加以控制,则很难满足零件的使用要求。因此采用正反向两步超塑成形法,并通过模拟结果合理地设计预成形模具。

　　下模是对板料最终定型的模具,设计时主要参考零件尺寸并考虑其刚度要求,其设计图如图 5.163 所示。

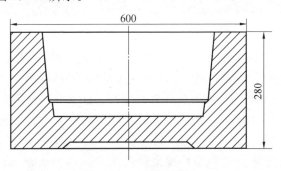

图 5.163　下模设计图

　　上模是预成形模具,其主要作用是对板料某些局部区域进行必要的预减薄,以分散变形,缓解正胀时变形大的区域变薄过于集中的问题。根据零件的尺寸,设计初始预成形模具的型腔,其设计图如图 5.164 所示。

1. 建立模型

MSC.Marc 数值模拟界面如图 5.165 所示,第一步是建模,从 MESH GEN-

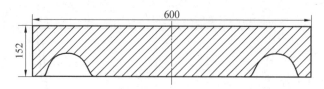

图 5.164   初始预成形模具设计图

ERATION 开始。如图 5.166 所示,通过 curves 按钮绘制模具的曲线图。然后通过 EXPAND 工具将曲线旋转为模具面(Surface)。上下模具型面均通过该方法获得。

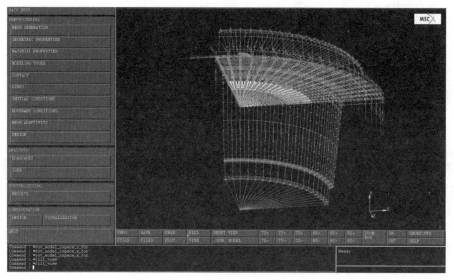

图 5.165   MSC.Marc 数值模拟界面

工件的绘制也是通过点—线—面的方法依次得到,区别是工件由 Element 组成,在得到 Surface 后需要通过 Convert 工具将 Surface 转化为 Element。

根据板料的对称性,在不影响计算精度的条件下节省计算时间,建立成形装置的 1/4 模型进行分析。模型建立后的形状如图 5.167 所示,分为预成形模,板料和终成形模。板料的初始模型均匀划分为 360 个网格,再通过试加载按照最终成形后零件相应部位的平缓程度来修改单元网格的疏密,最终共划分为 540 个单元。

2.边界条件

由于采用板料的四分之一进行模拟,需要设置相应的边界条件以满足对称性,两个对称边边界条件分别为:$x=0$;$y=0$。板料在胀形过程中其周边固定,也需要加以约束,边界条件为 $x=0$,$y=0$,$z=0$,如图 5.168 所示。

边界条件在 BOUNDARY CONDITIONS 中的 Fixed Displacement 中设定。

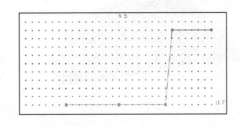

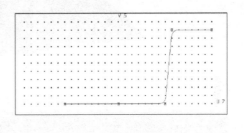

（a）   （b）

图 5.166　在 MESH GENERATION 中建立曲线

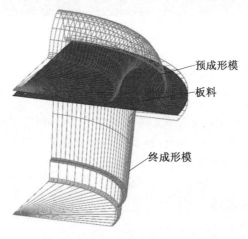

预成形模

板料

终成形模

图 5.167　MSC.Marc 有限元几何模型

　　超塑成形的压力以面载荷的边界形式给出，如图 5.169 所示。在载荷施加方法选项中选择 SUPERPLASTICITY CONTROL，以激活超塑性压力自动控制功能，在作业面板的分析选项中选择 FOLLOWER FORCE，以使变形过程中的压力方向始终垂至于单元面。整个模型中的接触体（Contact body）有 3 个，分

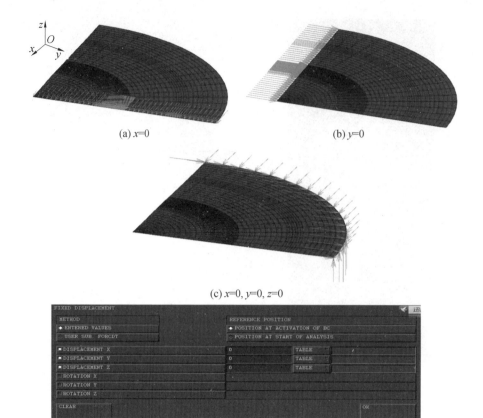

(a) $x=0$ (b) $y=0$

(c) $x=0, y=0, z=0$

(d)

图 5.168　板料模型的边界条件

别为板料、上模和下模。其中板料为可变形体,上、下模为刚体。

3. 材料特性与加载

采用刚塑性模型来计算近深筒形零件的成形,在 MSC. Marc 中,刚塑性模型本构方程遵循 POWER LAW 准则,模型方程参数设定如图 5.170 所示。在不考虑应变硬化作用下,该模型方程为

$$\sigma = K \dot{\varepsilon}^m$$

式中　σ——超塑成形流动应力;

　　　$\dot{\varepsilon}$——应变速率;

　　　m——应变速率敏感性指数;

　　　K——材料常数。

4. 几何特性和接触条件

板料的厚度在几何特性(GEOMETRIC PROPERTIES)中设定,如图 5.171

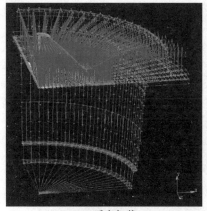
(a) 反向加载

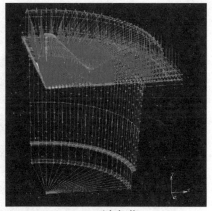
(b) 正向加载

图 5.169 成形力加载

图 5.170 模型方程参数设定

所示,面板厚度设定为 3.3 mm 的定值,因此选择 CONSTANT 选项。

板料与模具之间的摩擦系数设定为 0.2,摩擦系数在 CONTACT 选项中设定,如图 5.172 所示。

5. 载荷工况(LOADCASES)及作业(JOB)提交

设定载荷工况,总的载荷工况时间设定为 390 s,选择工步程序为自适应(Adaptive)。选择超塑成形控制(SUPERPLASTICITY CONTROL)选项,参数

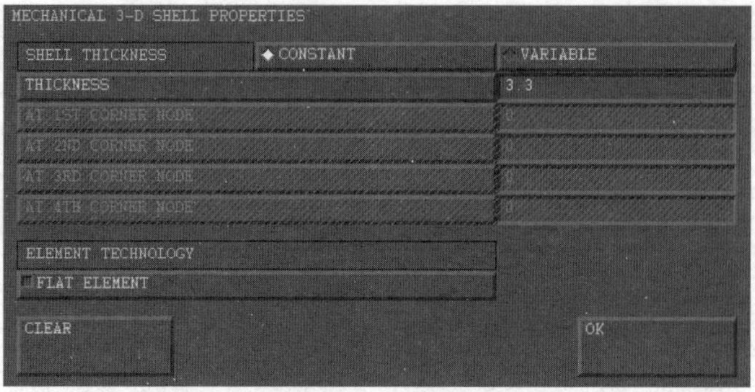

图 5.171　板料厚度设定

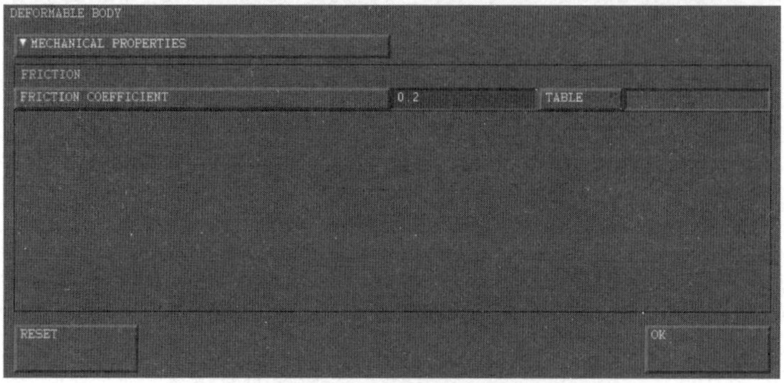

图 5.172　摩擦系数设定

设定如图 5.173 所示。载荷工况设定完成后,在 JOB 选项中提交作业,开始计算,计算结果如图 5.174 所示。

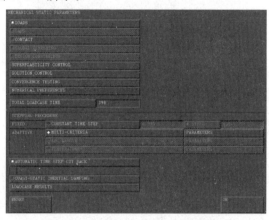

(a)

图 5.173　载荷工况参数设定

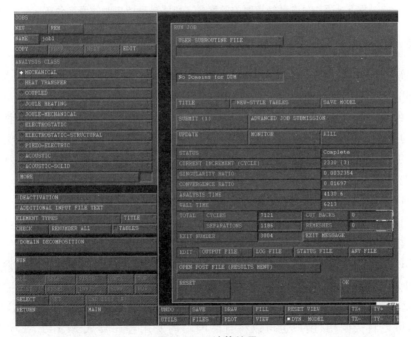

（b）

续图 5.173

图 5.174　计算结果

6. 后处理及计算结果分析

计算结束后,从 MAIN 主菜单的 RESULTS 进入,读取后处理文件,即进入 RESULTS 后处理菜单。通过在 Scalar 中选择 Thickness of element 选项来显示厚度分布模拟结果,如图 5.175 所示。由图 5.175 可以分析变形中的厚度变化及最终厚度分布,可以看到,工件侧壁厚度分布不均匀。为了使其分布均匀,需要设计不同的预成形模具形状来控制厚度分布。

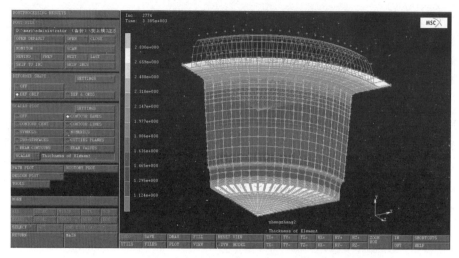

图 5.175　预成形结束时的厚度分布和终成形结束时的厚度分布

5.2.6　MATLAB

MATLAB 是美国 MathWorks 公司开发的商业数学软件，主要包括 MAT-LAB 和 SIMULINK 两大部分。MATLAB 是 Matrix&Laboratory 两个词的组合，意为矩阵实验室，它将数值分析、矩阵计算、科学数据可视化以及非线性动态系统的建模和仿真等诸多强大功能集成在一个易于使用的视窗环境中，为科学研究、工程设计等领域提供了一种全面的解决方案，代表了当今国际科学计算软件的先进水平。

MATLAB 和 MATHEMATICA、MAPLE 并称为三大数学软件。数学类科技应用软件中，它在数值计算方面首屈一指。MATLAB 可以进行矩阵运算、绘制函数和数据、实现算法、创建用户界面、连接其他编程语言的程序等。

MATLAB 的基本数据单位是矩阵，它的指令表达式与数学、工程中常用的形式十分相似，故用 MATLAB 来解算问题要比用 C、FORTRAN 等语言完成相同事情简捷得多，同时，MATLAB 也加入了对 C、FORTRAN、C++、JAVA 的支持，可以直接调用，用户也可以将自己编写的实用程序导入 MATLAB 函数库中方便以后调用。

MATLAB 是一个包含大量计算算法的集合，拥有 600 多个数学运算函数，可以方便地实现各种计算功能。函数中所使用的算法都是科研和工程计算中的最新研究成果，经过了各种优化和容错处理。在通常情况下，可以用它来代替底层编程语言，使编程工作量大大减少。这些函数集包括从最简单、最基本的函数到诸如矩阵、特征向量、快速傅里叶变换的复杂函数。函数所能解决的问题包括矩阵运算、线性方程组的求解、微分方程及偏微分方程组的求解、符号运算、傅里叶变换和数据的统计分析、工程中的优化问题、稀疏矩阵运算、复数的各种运算、三角函数和其他初等数学运算、多维数组操作以及动态仿真等。

MATLAB 自产生之日起就具有方便的数据可视化功能,不仅在一般数据可视化软件都具有的功能(例如二维曲线和三维曲面的绘制与处理等)方面更加完善,而且对于一些其他软件所没有的功能(例如图形的光照处理、色度处理及四维数据的表现等),同样表现了出色的处理能力。

MATLAB 对许多专门的领域都开发了功能强大的模块集和工具箱。用户可以直接使用工具箱学习、应用和评估不同的方法而不需要自己编写代码。

MATLAB 可以用来进行以下各种工作:

(1)数值分析。

(2)数值和符号计算。

(3)工程与科学绘图。

(4)控制系统的设计与仿真。

(5)数字图像处理技术。

(6)数字信号处理技术。

(7)通信系统设计与仿真。

(8)财务与金融工程。

(9)管理与调度优化计算(运筹学)。

除了上面介绍的几种软件外,还有一些著名软件,如 ADINA、ALGOR、SAP 和 FEPG 等。

ADINA 是美国 ADINA R&D 公司开发的一套大型通用的有限元分析软件,被广泛应用于机械制造、材料加工、航空航天、汽车、土木建筑、电子电器、国防军工、船舶、铁道、石化、能源等各个工业领域,能真正实现流场、结构和热的耦合分析。ADINA 是做流固耦合最好的软件。ALGOR 也是世界著名的大型通用工程仿真软件之一,被广泛应用于各个行业的设计、有限元分析、机械运动仿真中,包括静力、动力、流体、热传导、电磁场、管道工艺流程设计等。ALGOR 具有分析功能齐全、使用操作简便和对硬件的要求低等特点。SAP 软件作为一个大型的结构分析有限元通用程序,是由美国加州大学伯克利分校首先开发研制的。它除了能求解三维桁杆单元、三维梁单元、三维块体单元、薄板薄壳单元、平面应力、平面应变外,还能同时进行历程响应分析、响应谱分析、频率响应及塑性分析,并且有完善的图形前后处理功能,支持网格的自动生成、节点带宽优化及图形显示等多种功能。FEPG(Finite Element Program Generator)是北京飞箭软件有限公司开发的有限元程序自动生成系统,是一套有限元分析和计算机辅助工程分析(CAE)的软件平台。用户只需输入有限单元法所需的各种表达式和公式,即可由 FEPG 自动产生所需的全部有限元计算的源程序,包括单元子程序、算法程序等,免去了大量烦琐的有限元编程劳动,保证了程序的正确性和统一性。FEPG 的开发思想是采用元件化的程序设计方法和人工智能技术,根据有限单元法统一的数学原理及其内在规律,以类似于数学公式推理的方式,由微分方程表达式和算法表达式自动产生有限元源程序。

5.3 软件使用的注意事项

有限元软件使用的典型流程可分成 4 个阶段,即分析计划、前处理、求解和后处理。后三者均在有限元软件环境中进行,其中:前处理是建立有限元模型,完成单元网格划分;后处理则是采集处理分析结果,使用户能简便提取信息,了解计算结果。

1. 分析计划

分析计划对于任何分析都是最重要的部分,所有的影响因素都必须被考虑,同时要确定它们对最后结果的影响是不是应该考虑或者被忽略。分析计划的主要目的是对问题进行准确的理解和建模。

2. 前处理

(1)设置使用的分析类型。分析类型包括结构、流体、热或电磁等。

(2)创建模型。几何模型和有限元模型可在一维、二维或三维设计空间中创建或生成。这些模型可在有限元前处理软件中创建,或者从其他 CAD 软件包中以中性文件的格式输入进来。

(3)定义单元类型及网格划分。定义单元是一维、二维或三维的,又或者执行特定的分析类型,例如需要使用热单元进行热分析。网格划分是将被分析的连续体划分为有限元网格的过程。网格可以手工创建,也可以由软件自动生成,手工创建方法具有更大的适应性。在创建网格过程中,在局部变化较大处,网格应该细化,这样能够更准确地保证计算结果的准确性。

(4)确定初始条件。材料及界面属性(如密度、膨胀系数、热导率、应力—应变关系、界面换热系数、摩擦系数等)必须被确定;单元属性也需要被设定,例如一维梁单元需要定义梁截面特性,板壳单元需要定义单元厚度属性、方向和中性面的偏移量参数等。特殊的单元(如质量单元、接触单元、弹簧单元、阻尼单元等)都需要定义其各自使用的属性(明确单元类型),这些属性在不同软件中的定义也是不同的。

(5)应用边界条件。将某些类型的载荷施加到网格模型上。应力分析中的载荷可以是点载荷、压强载荷或位移的形式,热分析中的载荷可能是温度或热流量,流体分析中的载荷可能是流体压强或速度。载荷可能被应用在一个点、一条边、一个面甚至一个完整的体上。当然,对于模态和屈曲分析情况,分析中并不需要明确载荷。为了使计算稳定,至少需要施加一个约束或边界条件。结构的边界条件通常以零位移的形式构成,热的边界条件通常是明确温度,流体的边界条件通常是明确压强,一个边界条件需要明确所有方向或特定的方向。边界条件可以被放置在节点、关键点、面或线上。正确施加边界条件是准确求解设计问题的关键。

在前处理阶段,一定注意要使用软件要求的单位。

3. 求解

通常,求解过程是完全自动进行的。

4. 后处理

后处理主要进行计算结果的解释和分析,通常可以通过列表、等值云图、零部件变形等方式描述,如果分析中包含了频率分析,也可以以固有频率变形等方式进行描述。对于流体、热和电磁分析类型也可以获取其他的计算结果。对于结构类问题,等值云图通常是一种最有效的结果展示,并可以通过切开三维模型查看模型内部的应力情况。此外,曲线也常被作为后处理的一部分,可以描述位移、速度、加速度和应力、应变等结果随时间和频率或者空间位置的变化。

有限元法非常强大,而且通过恰当的后处理技术,能够非常直观地了解计算结果。有限元计算结果的好坏完全依赖于分析模型的好坏和物理问题描述的准确性,周密的计划是成功分析的关键。

5.3.1　初始条件和边界条件

初始条件和边界条件,如果有必要,再加上约束条件,构成了所研究问题的定解条件。

初始条件是对所研究问题本身的全面描述,包括几何参数、材料属性、载荷情况、内部界面相互关系等。

边界条件主要是指所研究的问题与外界之间的相互关系。

前面的分析指出,如果只给出初始条件,没有引入边界条件,那么总体刚阵是奇异的,其解不是唯一的。而引入边界条件修正后,总体刚阵变为正定的,其解是唯一的。

初始条件和边界条件的确定,标志着对所研究的客观问题的准确把握;而有限元原理的应用,或者说最小作用量原理的应用,是对所研究的客观问题变化时所遵循的原理的准确把握。这两条的确认可使我们真正掌握客观问题的变化规律和变化结果,这两条缺一不可。

为认识和解决实际问题而应用有限元软件时会涉及 5 个问题,即有限元原理、初始条件、边界条件、模拟计算结果和实验结果。任何有限元软件初步确定之后,都要对其进行检验,即用一个或几个公认的实例(包括确定的、公认的初始条件和边界条件及其实验结果)去验证计算结果是否正确。这一步是验证有限元原理、方法、技术、编程等的正确性。一旦通过了验证,则标志着软件的正确、可行和可信。在随后的软件使用中,计算结果仍然要被实验验证,这些验证则是对具体问题的初始条件和边界条件的验证,是验证软件使用者是否对所研究的客观问题有准确把握,是验证简化了的这些条件是否可行。由此可见,做模拟研究,第一步重要的是我们告诉了计算机什么,告诉得对不对。在此正确的基础上,才能使计算机告诉我们的结果是有意义的或者重要的。

　　这样看问题的思路与数学中的归纳法思路很相似。

　　最简单和最常见的数学归纳法的证明是分两步进行的,当 n 属于所有正整数时,一个表达式成立:

　　①递推的基础:证明当 $n=1$ 时表达式成立。

　　②递推的依据:证明如果当 $n=m$ 时成立,那么当 $n=m+1$ 时同样成立。

　　这种方法的原理在于第一步证明起始值在表达式中是成立的,然后证明一个值到下一个值的证明过程是有效的。如果这两步都被证明了,那么任何一个值的证明都可以被包含在重复不断进行的过程中。

　　有限元软件被验证为正确,就相当于数学归纳法中递推的依据成立,而每次软件计算结果被验证为正确,则相当于递推的基础成立。

　　实际上,实验的结果永远是真实的,而软件计算的结果应该是对实验结果的总结、概括和把握。一个问题的分析、一个软件的计算或一个理论的计算,只有完成了"实验—模拟计算—实验(验证)"这一循环,才能成为成熟的理论(软件),而只有成熟的理论才是可以信赖和使用的。未完成这一循环的就是未成熟理论,只有启发、参考及探索意义。

　　更进一步来说,有限元软件的使用必须经过 3 个阶段:初期的有限元原理验证阶段;中期的对各种实际问题初始条件与边界条件准确把握的验证阶段;后期的复杂问题对初始条件敏感性高低的确定阶段。这 3 个阶段的完成必须依赖于实验结果对模拟计算结果的验证。初期阶段是用已知的初始条件与边界条件以及实验结果来验证有限元原理;中期阶段是用有限元原理和实验结果来验证初始条件和边界条件;后期阶段仍然是用有限元原理和实验结果来验证实际问题对初始条件和边界条件的敏感性。对于一个混沌系统而言,比如天气变化运动,就是一个对初始条件非常敏感的问题,因此才有了"蝴蝶效应"一说。

　　一个软件只有在完成了这 3 个阶段后,才能真正确定其正确的适用范围,从而成为一个正确成熟的软件,或者一个正确成熟的理论体系。

有一种看法即理论是由公理和定理组成的演绎系统；另有一种看法即理论是一簇与经验同构的模型。科学哲学的研究结果倾向于第二种看法。有限元原理包含公理和定理，体现着系统变化的演绎规律，同时完成上述 3 个阶段的有限元软件就是这个"与经验同构的模型"，这里"经验"就是实验结果，"模型"就是模拟软件和结果。有限元法和有限元软件从两个方面分别佐证目前对"理论"的认识或定义水平，它才是真正的集理论、技术之大成者，当然也是经典力学（固体力学、流体力学、传热传质学及电动力学）领域真正的集理论、技术之大成者，必然也是材料变形力学领域真正的集理论、技术之大成者。

5.3.2　界面参数的确定

1. 摩擦及摩擦定律

摩擦是普遍存在的一种现象，在各种塑性成形工艺中，在相对运动的模具和坯料表面之间都有摩擦存在。在有些情况下，摩擦可以被利用，但是，在大多数情况下，摩擦是有害无益的。

塑性变形过程中的摩擦是在高压下的摩擦，比机械传动中的摩擦复杂得多。塑性变形中的单位压力一般在 500 MPa 左右，最高可达 2 500 MPa，而承受重载的轴承在工作时的单位压力仅为 20～40 MPa。接触面单位压力越高，润滑越困难。

多数塑性加工过程是在高温下进行的，例如钢的锻造温度一般是 800～1 200 ℃。在这样高的温度下，金属的组织、性能发生变化，表面产生强烈的氧化、黏结等，这些现象也给摩擦润滑带来很大影响。

根据塑性变形过程中的摩擦性质，可将摩擦粗略地分为干摩擦和流体摩擦两种极端类型。

干摩擦是指坯料与工具接触面上没有其他介质或薄膜，只是金属与金属之间的摩擦。然而，在塑性加工过程中，金属表面总是要吸附一些气体、灰尘并产生氧化膜，所以严格地讲，真正的干摩擦在生产中是不存在的。通常所说的干摩擦是指不加润滑剂的摩擦状态。

流体摩擦又称流体润滑，当金属与工具表面之间被润滑油隔开，接触表面相互运动的阻力只和流体的性质（黏度）、速度梯度有关，而与接触表面的状态无关时，这种摩擦称为流体摩擦。流体摩擦的阻力要小得多。实际生产中，常常会出现混合摩擦状态。

早在 18 世纪，库仑在总结前人研究干摩擦的基础上，提出了库仑摩擦定律。这个定律的数学表达式为 $F = \mu N$，式中，F 为摩擦力，N 为作用在垂直接触面上的正压力，μ 为摩擦系数。

库仑摩擦定律是从实验中总结出来的，并没有说明接触面上摩擦产生的原因。

在金属塑性变形中,工具与坯料接触面上的摩擦条件常采用以下两种假设:①单位摩擦力与接触面上的正应力成正比,其表达式为 $\tau = \mu\sigma$,这就是库仑摩擦定律;②单位摩擦力是个常量,其表达式为 $\tau = m\tau_{max}$,式中,m 为摩擦因子,τ_{max} 是金属塑性流动时的最大剪应力,摩擦因子的变化范围是0~1。

库仑摩擦定律适合于一般的机械传动过程,而常量单位摩擦力 $\tau = m\tau_{max}$ 假设在金属塑性变形中应用得比较普遍。

2. 摩擦因子的测定

针对材料塑性变形过程的有限元分析,其过程中坯料与模具之间界面摩擦因子和换热系数是两个重要的参数。这两种参数只能由实验来测定,但又都不能直接测量,需要对能被直接测量的其他参数进行转换处理,才能最后确定。

摩擦因子是通过圆环镦粗实验间接测定的,是由镦粗过程中坯料高径比变化曲线与标准曲线相比而确定的。下面以 AZ31 镁合金为例,说明其与模具之间在有、无石墨油润滑条件下摩擦因子的确定方法。

根据圆环镦粗法,选取外径:内径:高为 6:3:2 的试样,具体尺寸为外径 30 mm、内径 15 mm、高 10 mm。镦粗时,上、下模块材料为 3Cr2W8V。为了获得较大的变形量,试样和模块需要加热至 200 ℃以上。试样与模块接触表面用手工砂纸磨光。实验时接触面分为不加润滑剂的干摩擦和加石墨油润滑剂两种情况。镦粗时,根据不同的压下量,分别记录试样高度和内径的变化,每次测量至少选择 3 个点,最后取其平均值。

图 5.176 是摩擦实验用的不同压下量的试样照片。表 5.6 和表 5.7 分别是干摩擦和石墨油润滑时的实验数据。

图 5.176 摩擦实验用的不同压下量的试样照片

表 5.6 干摩擦的实验数据

压缩次数	1	2	3	4	5
试样高度/mm	9.31	7.68	7.03	6.09	5.18
试样内径/mm	14.76	13.85	12.77	11.41	8.95

表 5.7　石墨油润滑时的实验数据

压缩次数	1	2	3	4	5
试样高度/mm	9.10	8.61	7.52	6.53	5.29
试样内径/mm	15.10	15.22	15.80	15.97	16.33

将实验数据曲线与参考文献[63]中的标准曲线对比,分别得到不同状态下的摩擦系数,再由公式(即摩擦因子 $m=1.732\times$ 摩擦系数)得到摩擦因子,如图 5.177 所示。

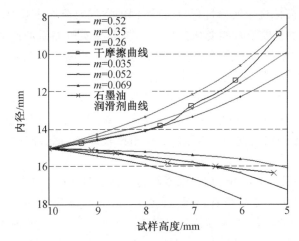

图 5.177　实测摩擦因子曲线与标准曲线对比

从图 5.177 中可以明显看出,当接触面为干摩擦时,试样的内径随试样高度的降低而减小,其摩擦因子介于 0.26～0.52,更接近于 $m=0.35$ 的曲线,因此可近似确定此时的摩擦因子为 0.35。同样,当接触面有石墨油润滑剂时,试样的内径随试样高度的降低而略有增大,其摩擦因子介于 0.035～0.069,更接近于 $m=0.052$ 的曲线,因此可近似确定此时的摩擦因子为 0.052。由此可见,在 AZ31 镁合金热加工变形时,石墨油润滑剂对减小界面摩擦力有很大的作用。

3. 界面换热系数实验测定

任何材料在热加工过程中,都必然要与空气、模具等接触,从而产生热交换。与空气之间的热交换可分为自然对流和强迫对流两种方式。一般推荐自然对流换热系数为 $1～10$ W/(m² · K)、$3～10$ W/(m² · K)、$2～25$ W/(m² · K)、$5～25$ W/(m² · K)等。商业软件 DEFORM 推荐的空气对流换热系数为 0.02 N · s⁻¹ · mm⁻¹ · ℃⁻¹(20 W/(m² · K))。当材料与模具等接触时,其热交换为热传导方式。但 DEFORM 软件仍采用对流换热方式,经过变换,选定一个当量的换热系数,来处理热传导问题。在处理一般热塑性变形过程中,该软件推荐坯料与模具之间的当量换热系数为 11 N·s^{-1}·mm^{-1}·℃$^{-1}$。而在处理一般淬火过程中,坯料与淬火介质之间的当量换热系数为 15 N·s^{-1}·mm^{-1}·℃$^{-1}$。

考虑到某一个具体的情况,其坯料与模具之间的当量换热系数与其间的接触应力、接触介质等有很大关系。不同的接触应力及不同的接触介质会导致不同的当量界面换热系数,而这样的系数也只能是由实验来确定。

借鉴获得摩擦因子的思路,当量界面换热系数实验的具体思路和方法如下:选定一个圆柱形坯料,加热后放置在隔热的石棉垫上,侧面和上端面接触空气,紧接着测定并记录坯料某一点 P 的温度随时间变化的曲线。然后,应用 DEFORM软件模拟这个实验过程,设置不同的空气对流换热系数时,可以得到相对应 P 点的一组温度随时间变化的曲线。将其与实验测得的曲线相比较,就能得到比较准确的空气对流换热系数。在此基础上,改变实验测定的对象,即将加热的坯料放置在圆柱形模具上或两个模具之间,既可以加压,又可以在界面上涂润滑剂,改变接触界面的状态,同时记录坯料上或模具上某一点、两点或多点的温度曲线。然后应用 DEFORM 软件计算出一组对应于不同界面当量换热系数时的对应测量点的温度曲线,与实测曲线相比较即可得到准确的界面当量换热系数。

下面仍以 AZ31 镁合金为例,说明其与碳钢模具之间当量换热系数的测量方法和结果。实验的主要参数有:坯料直径为 40 mm,高为 40mm,比热为 1.86~2.35 N/(mm^2·℃),热导率为 77~111 N·s^{-1}·℃$^{-1}$。上模具为低碳钢,直径为 80 mm,高为 100 mm,比热为 3.8 N/(mm^2·℃),热导率为 45 N·s^{-1}·℃$^{-1}$。下模具为高碳钢,直径为 110 mm,高为 120 mm,比热为 3.8 N/(mm^2·℃),热导率为 20 N·s^{-1}·℃$^{-1}$。用于实验的模具与坯料如图 5.178 所示。

图 5.178　换热实验用的模具与 AZ31 坯料

部分实测结果与计算结果如图 5.179～5.181 所示。

图 5.179 为空气对流换热系数的实测与计算结果。图 5.179 中,上、下两条近似的直线是空气对流换热系数为 $0.015\ \mathrm{N\cdot s^{-1}\cdot mm^{-1}\cdot ℃^{-1}}$ 和 $0.017\ \mathrm{N\cdot s^{-1}\cdot mm^{-1}\cdot ℃^{-1}}$ 时坯料温度变化的计算结果。而实际记录的温度变化曲线几乎介于这两条计算曲线之间,与中间的空气对流换热系数为 $0.016\ \mathrm{N\cdot s^{-1}\cdot mm^{-1}\cdot ℃^{-1}}$ 时的计算曲线相吻合。因此确定空气对流换热系数为 $0.016\ \mathrm{N\cdot s^{-1}\cdot mm^{-1}\cdot ℃^{-1}}$。

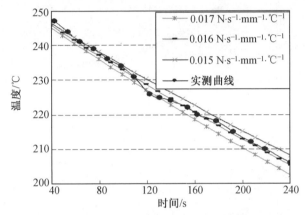

图 5.179　空气对流换热系数的实测与计算结果

图 5.180 为 AZ31 坯料与模具间有石墨油润滑但没有接触应力时的界面当量换热系数的实测与计算结果。对 AZ31 坯料与高碳钢接触界面分别采用当量换热系数为 $0.25\ \mathrm{N\cdot s^{-1}\cdot mm^{-1}\cdot ℃^{-1}}$、$0.30\ \mathrm{N\cdot s^{-1}\cdot mm^{-1}\cdot ℃^{-1}}$ 时进行模拟计算,再将计算结果与实测数据相对比并采用最小二乘法进行误差分析,可以得出其最准确的界面当量换热系数为 $0.28\ \mathrm{N\cdot s^{-1}\cdot mm^{-1}\cdot ℃^{-1}}$。

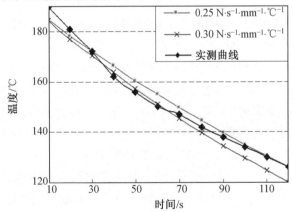

图 5.180　AZ31 坯料与模具间有石墨油润滑但没有接触应力时的界面当量换热系数的实测与计算结果

用同样的方法,可以测定 AZ31 坯料与模具间有石墨油润滑,而且接触应力为 30 MPa 和 45 MPa 时的界面当量换热系数,结果如图 5.181 所示。

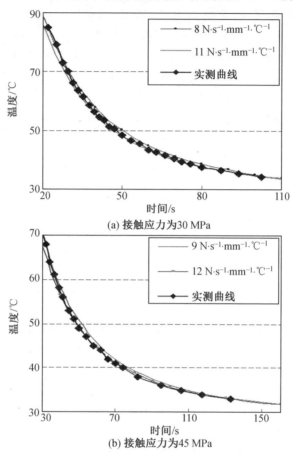

(a) 接触应力为30 MPa

(b) 接触应力为45 MPa

图 5.181 AZ31 坯料与模具间有石墨油润滑且有接触应力时的界面当量换热系数的实测与计算结果

当接触应力为 30 MPa 时,选择当量换热系数为 8 N·s^{-1}·mm^{-1}·℃$^{-1}$ 和 11 N·s^{-1}·mm^{-1}·℃$^{-1}$ 时进行模拟计算,发现实测曲线在两条计算曲线之间很窄的范围之内,更靠近 11 N·s^{-1}·mm^{-1}·℃$^{-1}$ 时的曲线,如图 5.181(a)所示,确定其界面当量换热系数为 10 N·s^{-1}·mm^{-1}·℃$^{-1}$,其误差不会太大。同样,当接触应力为 45 MPa 时,选择当量换热系数为 9 N·s^{-1}·mm^{-1}·℃$^{-1}$ 和 12 N·s^{-1}·mm^{-1}·℃$^{-1}$ 进行模拟计算,其实测曲线也是在两条计算曲线之间很窄的范围之内,更靠近 12 N·s^{-1}·mm^{-1}·℃$^{-1}$ 的曲线,如图 5.181(b)所示,确定其界面当量换热系数为 11 N·s^{-1}·mm^{-1}·℃$^{-1}$,其误差也不会太大。这和 DEFORM 软件所推荐的数值是一样的。

实际上,选用界面当量换热系数分别为 $10\ N\cdot s^{-1}\cdot mm^{-1}\cdot ℃^{-1}$、$11\ N\cdot s^{-1}\cdot mm^{-1}\cdot ℃^{-1}$、$12\ N\cdot s^{-1}\cdot mm^{-1}\cdot ℃^{-1}$、$13\ N\cdot s^{-1}\cdot mm^{-1}\cdot ℃^{-1}$ 时,所得曲线之间的相差是很小的。这也意味着在这一范围内取值,其误差很小。

按以上方法得到了各种不同接触状态下的界面当量换热系数,见表 5.8。从表 5.8 可见,AZ31 镁合金与空气的自然对流换热系数为 $0.016\ N\cdot s^{-1}\cdot mm^{-1}\cdot ℃^{-1}$ $(16\ W/(m^2\cdot K))$,这比 DEFORM 软件所推荐的 $0.02\ N\cdot s^{-1}\cdot mm^{-1}\cdot ℃^{-1}$ 略小一些,也在参考文献[58]和[59]推荐值的范围内,但超出了参考文献[54]和[14]推荐值的范围。这说明在引用参考文献中的数据时要多比较,必要时要验证。

当坯料与模具无润滑剂接触时,其界面当量换热系数为 $0.1\ N\cdot s^{-1}\cdot mm^{-1}\cdot ℃^{-1}$ 左右;而界面涂有石墨油,且接触应力极小时,该值为 $0.28\ N\cdot s^{-1}\cdot mm^{-1}\cdot ℃^{-1}$,随着界面接触应力从 $0.03\ MPa$ 增大到 $45\ MPa$,界面当量换热系数逐渐从 $1.45\ N\cdot s^{-1}\cdot mm^{-1}\cdot ℃^{-1}$ 增加到 $11\ N\cdot s^{-1}\cdot mm^{-1}\cdot ℃^{-1}$。这均与 DEFORM 软件推荐的数值接近。在实际的热塑性加工过程中,坯料与模具之间的接触应力一般要大于 $30\ MPa$,因此,在模拟计算过程中,选择界面当量换热系数为 $11\ N\cdot s^{-1}\cdot mm^{-1}\cdot ℃^{-1}$ 是适宜的。

表 5.8 不同接触状态下的界面当量换热系数

接触材料	空气	模具	模具	模具	模具	模具	模具	模具	模具
石墨润滑油	无	无	有	有	有	有	有	有	有
接触应力/MPa	0	0	0	0.03	3.75	7.5	15	30	45
界面当量换热系数 /($N\cdot s^{-1}\cdot mm^{-1}\cdot ℃^{-1}$)	0.016	0.1	0.28	1.45	1.7	2.7	7	10	11

用同样方法测定了钨铜 40 粉末烧结材料与模具的干摩擦因子为 0.36,有石墨油润滑时摩擦因子为 0.11。其空气对流换热系数为 $0.021\ N\cdot s^{-1}\cdot mm^{-1}\cdot ℃^{-1}$。与模具接触应力极小且无润滑时,界面当量换热系数为 $0.11\ N\cdot s^{-1}\cdot mm^{-1}\cdot ℃^{-1}$;有润滑时界面当量换热系数为 $0.62\ N\cdot s^{-1}\cdot mm^{-1}\cdot ℃^{-1}$;当界面有石墨油润滑时,随着接触应力从 $0.06\ MPa$ 增大到 $60\ MPa$,界面当量换热系数从 $3.4\ N\cdot s^{-1}\cdot mm^{-1}\cdot ℃^{-1}$ 增加到 $11\ N\cdot s^{-1}\cdot mm^{-1}\cdot ℃^{-1}$。

4. 模拟结果的实验验证

在第 3 章中,提到了经实验测得的 AZ31 镁合金和钨铜 40 合金的应力—应变关系。本章又讲到经过实验测得了这两种合金与模具之间的摩擦因子和当量界面换热系数。选择这些数据作为模拟计算的初始条件,应该是既合理又准确的。下面以 AZ31 镁合金挤压和轧制过程的计算结果和钨铜 40 合金包钢套挤压的计算结果与实验结果的比较,来确定这些初始条件的正确性。

(1)以 AZ31 镁合金板材轧制为例,通过五道次轧制,分别测试轧制力,并与计算结果对比,以确定所选模拟参数的准确性。轧制过程参数:板坯的原始厚度为 28.5 mm,轧辊温度为 400 ℃,轧制速度为 5 m/min,在无润滑条件下,五道次压下量分别为 18%、8.5%、31.9%、36.6%和 42.2%,对应的板坯中心温度分别为 270 ℃、286 ℃、265 ℃、252 ℃和 244 ℃。取实验和模拟中各道次的稳态轧制力数值,得到实测与计算的轧制力对比结果,如图 5.182 所示,其中不同的点表示不同的道次。每点的横坐标表示计算所得的轧制力,纵坐标表示实测所得的轧制力。若两者完全吻合,则点落在中间的直线上。从图 5.182 可以看出,计算的结果略小于实测结果,误差在 10%左右,较为稳定。这说明所选用的模拟参数是准确可信的。

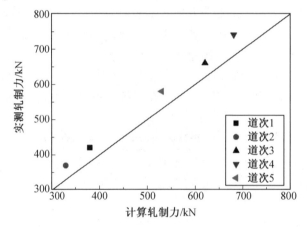

图 5.182 AZ31 镁合金板材轧制过程中实测轧制力与计算轧制力的对比

(2)以 AZ31 镁合金棒材热挤压为例,在干摩擦条件下,当坯料直径为 16 mm,高为 30 mm,挤压比为 4:1,模具温度为 100 ℃,坯料温度为20 ℃时,实测了挤压后坯料的温度变化曲线,并与数值模拟所得到的温度变化曲线进行对比,结果如图 5.183 所示。结果表明,这两条温度变化曲线十分接近,二者最大误差小于 5%。这说明所选用的模拟参数是十分准确的,模拟结果与实际热挤压过程很接近,具有很高的可信度。

(3)以钨铜 40 合金棒材包钢套热挤压为例,挤压的原始材料为烧结后的钨铜 40 坯料包 45 钢套,坯料整体直径为 52 mm,高度为 55 mm,其中内部钨铜直径为 42 mm,高度为 40 mm,钢套的壁厚为 5 mm,底厚为 5 mm。挤压时冲头温度为 20 ℃,凹模温度为 250 ℃,挤压速度为 17 mm/s,均采用油基石墨润滑。挤压时将坯料从 ϕ52 mm 挤压至 ϕ15.5 mm,挤压比为 11.25,坯料的初始温度分别为 950 ℃、1 000 ℃、1 050 ℃、1 100 ℃和 1 150 ℃。

模拟热力耦合时,需要材料的一些热物理参数,主要为比热与热导率。对于

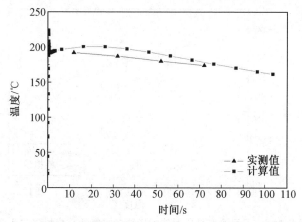

图 5.183　AZ31 镁合金棒材热挤压过程中温度实测值与计算值的对比

不互溶的钨铜材料,比热值对显微组织结构不敏感,已经证明可以简单地按混合物规律来计算,可得出钨铜 40 材料的比热为 3.05 N/(mm² · ℃),热导率为 280 W/(m · K)。

挤出的材料形状如图 5.184 所示。挤出材料的外形、钢套的壁厚及均匀性等的计算结果与实际情况是一致的。

(a) 实验挤出的材料形状　　　　　　(b) 模拟挤出的材料形状

图 5.184　钨铜 40 材料包钢套的挤出形状

图 5.185 所示是不同温度挤压时模拟和实测得到的载荷比较,从图 5.185 可以看出,相同条件下实测值和模拟值相差很小,证明模拟结果是准确的;还可以看到随着坯料挤压时温度的升高,载荷逐渐下降,当坯料在950 ℃进行挤压时,实测值和模拟值的载荷均最高,约为 1 920 kN,但是随着温度的升高,实测值和模拟值出现差别,当挤压温度为 1 150 ℃时,模拟值和实测值差别最大,分析其原因是钨铜材料中的铜在温度为 1 083 ℃时达到熔化状态,实验挤压时所需载荷变小。

5.3.3　计算结果的显示

软件的成熟和被广泛使用,可以获得大量正确的数据和结果,深入地整理和分析这些结果,可以对复杂的客观事物有更深入的了解和认识。如何整理大量的计算数据,是一个重要的研究步骤。第 3 章介绍了材料应力-应变关系的四维描述方法,即用一个模型描述应力与应变、应变速率和温度之间的关系。在这个模型中,数据被浓缩了,而显示的结果简单明了,各变量之间的相互关系非常清晰。

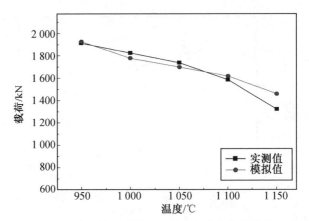

图 5.185　不同温度挤压时钨铜坯料包钢套载荷模拟值与实测值

四维描述还只是描述了 4 个变量之间的关系,实际复杂一点的问题可能会有更多的变量。对于材料的应力－应变关系而言,实际上材料的微观组织状态及宏观尺寸等对其影响也很大。再如,在轧制过程中材料是否打滑,这一现象就受到了很多因素的影响,这些因素包括材质、轧辊直径、板料厚度、轧下量、板温、辊温、坯料入口速度、轧辊转速、轧制角、摩擦因子、前张力、后推力等。这样的关系很难用一个公式来描述。如果想彻底认识轧制打滑的问题,势必要用到有限元软件,但需要获得大量的计算数据。

基于四维描述方法的成功,可否进一步考虑用五维、六维甚至更多的维数来描述多因素的复杂关系?或者说在三维空间中,可否分层次地以三维为一个层次递推,通过不断递进而描述 N 维空间的问题?

以图 5.186 为例,以第一个四维模型为基础,沿横向排列构成一个五维模型,接着沿纵向扩展,构成六维模型,再向深度扩展,则得到七维模型。之后这个七维模型又被看作相当于当初的一个四维模型,重复下去可以描述多因素的复杂关系,但上述还只是一个初步的思路和想法。

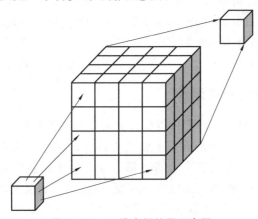

图 5.186　N 维空间扩展示意图

思考题与习题

1. 什么是有限元法？有限元法是怎样发展起来的？

2. 有限元法的基本原理是什么？

3. 为什么要选择有各种类型的单元？不同类型单元之间的区别是什么？

4. 为什么有限差分法不能发展起来？

5. 常用的商业有限元软件有哪些？它们都能解决什么问题？

6. 一般软件有三大模块，即前处理、计算和后处理，它们主要起什么作用？

7. 什么是所研究问题的定解条件？如何验证模拟计算时这些条件是准确的？

8. 软件使用时应该注意哪些事项？

9. 软件编制完成后经过验证才能商业化，我们在使用软件时，其计算结果仍需要实验验证，为什么？

10. 塑形加工的摩擦是如何分类的？有哪些特点？对加工过程有何影响？

11. 主要摩擦定律是什么？什么叫摩擦系数？什么叫摩擦因子？影响摩擦系数或摩擦因子的主要因素有哪些？

12. 如何测定摩擦因子？如何测定界面换热系数？

13. 针对基本的塑性加工工艺过程，如镦粗、拔长、挤压、轧制、辗环、拉深、胀形、冲裁等，采用任意一种商业软件，如 ABAQUS、DEFORM、DYNAFORM、MSC.Marc，酌情使用二维模型或三维模型分别进行模拟计算，比较计算结果以及计算时间。

14. 在使用软件过程中，材料的本构关系是如何输入计算机构的？有几种方式？这些方式中哪个是最基本的？哪些是可以逐渐被淘汰的？为什么？

第 6 章

有限元模拟算例

　　　　本章有意选取了几个材料力学、弹性力学和塑性力学领域内的例题，如圆锥悬臂梁受集中力作用时应力和变形计算、矩形截面和梯形截面水坝截面应力计算和轴对称挤压过程应力—应变计算，对解析法和数值法的可行性和结果进行对比分析，用以说明解析法针对简单问题有效，对复杂问题无效，而数值法无论对简单问题，还是复杂问题都有效。进而揭示了材料变形问题的正确研究方向、方法和手段只能是数值法，也就是有限元法，也就是有限元软件。

在前5章中,介绍了材料变形力学的基本内容以及有限元软件,这些原理、方法、手段的最终目的就是要把实际的材料变形宏观问题解释清楚。本章给出几个模拟算例,说明在现有理论基础上,针对简单弹性的问题,可以采用解析的方法,也可以采用数值的方法;但是针对稍微复杂一点的问题,解析的方法就很难应用了,而数值的方法,也就是有限元方法,仍然方便有效。

6.1 圆锥悬臂梁受集中力作用下的受力变形情况

求解圆锥悬臂梁受集中力作用下的受力和变形情况,如图6.1所示。

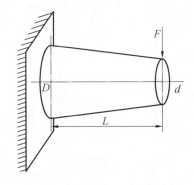

图6.1 圆锥悬臂梁几何尺寸与受力情况

已知圆锥梁长 $L=200$ mm、400 mm、600 mm、800 mm,根部大端直径 $D=20$ mm、40 mm、60 mm,小端直径 $d=10$ mm、20 mm,集中力 $F=200$ N,梁的材料为普通碳钢,弹性模量 $E=200$ GPa。求圆锥梁的最大挠度、最大弯曲角度和最大应力。

此类问题应用材料力学的解析方法,可以得到不算复杂的解析解,头部最大挠度、最大弯曲角度和根部轴向应力见式(6.1)、式(6.2)和式(6.3)。针对这种圆锥悬臂梁,当 $D \leqslant 3d/2$ 时,根部轴向应力就是最大应力,而当 $D > 3d/2$ 时,距离根部 X 处有最大应力,见式(6.4)。针对本算例,只是当 $D=d=20$ mm 时,根部应力才是最大应力,其他情况下最大应力并不在根部。应用有限元软件 ABAQUS 进行模拟计算,也可以方便地得到数值解,各量的解析解和数值解结果见表 6.1～6.10。最大挠度数值解与解析解之间的最大误差不超过 10%;最大弯曲角度数值解与解析解的最大误差不超过 5.8%;最大应力数值解与解析解的最大误差不超过 10.4%。这说明解析法和有限元法在求解这样的材料力学问题时是同样有效的。

表 6.1 最大挠度的计算结果($d = 10$ mm)   mm

L/mm	$D = 20$ mm			$D = 40$ mm			$D = 60$ mm		
	公式	模拟	误差	公式	模拟	误差	公式	模拟	误差
200	−0.679	−0.684	−0.6%	−0.085	−0.091	−6.7%	−0.025	−0.024	4.8%
400	−5.433	−5.916	−8.9%	−0.679	−0.706	−3.9%	−0.201	−0.215	−6.8%
600	−18.33	−19.29	−5.2%	−2.292	−2.356	−2.8%	−0.679	−0.698	−2.8%
800	−43.46	−43.40	0.1%	−5.433	−5.570	−2.5%	−1.61	−1.639	−1.8%

表 6.2 最大挠度的计算结果($d = 20$ mm)   mm

L/mm	$D = 20$ mm			$D = 40$ mm			$D = 60$ mm		
	公式	模拟	误差	公式	模拟	误差	公式	模拟	误差
200	−0.34	−0.357	−5.2%	−0.042	−0.046	−9.2%	−0.013	−0.014	−8.7%
400	−2.716	−2.785	−2.5%	−0.34	−0.355	−4.4%	−0.101	−0.11	−9.1%
600	−9.167	−9.378	−2.3%	−1.146	−1.179	−2.9%	−0.34	−0.351	−3.5%
800	−21.73	−22.22	−2.3%	−2.716	−2.785	−2.5%	−0.805	−0.821	−2.1%

表 6.3 最大弯曲角度的计算结果($d = 10$ mm)   (°)

L/mm	$D = 20$ mm			$D = 40$ mm			$D = 60$ mm		
	公式	模拟	误差	公式	模拟	误差	公式	模拟	误差
200	−0.389	−0.408	−4.9%	−0.073	−0.074	−1.4%	−0.029	−0.030	−3.4%
400	−1.556	−1.630	−4.8%	−0.292	−0.293	−0.3%	−0.115	−0.118	−2.6%
600	−3.501	−3.704	−5.8%	−0.657	−0.681	−3.7%	−0.259	−0.264	−1.9%
800	−6.225	−6.501	−4.4%	−1.167	−1.19	−2.0%	−0.461	−0.469	−1.7%

表 6.4 最大弯曲角度的计算结果($d = 20$ mm)   (°)

L/mm	$D = 20$ mm			$D = 40$ mm			$D = 60$ mm		
	公式	模拟	误差	公式	模拟	误差	公式	模拟	误差
200	−0.146	−0.149	−2.1%	−0.024	−0.025	−4.2%	−0.009	−0.009	0
400	−0.584	−0.598	−2.4%	−0.097	−0.099	−2.1%	−0.036	−0.037	−2.8%
600	−1.313	−1.348	−2.7%	−0.219	−0.222	−1.4%	−0.081	−0.082	−1.2%
800	−2.334	−2.393	−2.5%	−0.389	−0.395	−1.5%	−0.144	−0.146	−1.4%

表 6.5　根部应力的计算结果$(D = 10\ \mathrm{mm};\ d = 20\ \mathrm{mm})$　　　　MPa

L/mm	$D = 20\ \mathrm{mm}$			$D = 40\ \mathrm{mm}$			$D = 60\ \mathrm{mm}$		
	公式	模拟	误差	公式	模拟	误差	公式	模拟	误差
200	50.9	46.6	8.5%	6.37	6.03	5.3%	1.89	1.85	2.1%
400	101.9	93.1	8.6%	12.73	11.99	5.8%	3.77	3.79	−0.5%
600	152.8	139.6	8.6%	19.10	18.02	5.7%	5.66	5.72	−1.1%
800	203.7	186.1	8.7%	25.46	24.04	5.6%	7.55	7.65	−1.3%

表 6.6　杆部最大应力位置及最大应力的计算结果$(D = 20\ \mathrm{mm};\ d = 10\ \mathrm{mm})$

L/mm	X/mm			最大应力 /MPa		
	公式	模拟	误差	公式	模拟	误差
200	100	97.8	2.2%	60.4	54.1	10.4%
400	200	197.8	1.1%	120.7	108.6	10.0%
600	300	297.8	0.7%	181.1	163.0	10.0%
800	400	395.6	1.1%	241.4	217.2	10.0%

表 6.7　杆部最大应力位置及最大应力的计算结果$(D = 40\ \mathrm{mm};\ d = 10\ \mathrm{mm})$

L/mm	X/mm			最大应力 /MPa		
	公式	模拟	误差	公式	模拟	误差
200	166.7	167.2	−0.3%	20.1	18.2	9.5%
400	333.3	332.6	0.2%	40.2	36.6	9.0%
600	500	497.8	0.4%	60.4	54.7	9.4%
800	666.7	666.7	0	80.5	73.0	9.3%

表 6.8　杆部最大应力位置及最大应力的计算结果$(D = 60\ \mathrm{mm};\ d = 10\ \mathrm{mm})$

L/mm	X/mm			最大应力 /MPa		
	公式	模拟	误差	公式	模拟	误差
200	180	177.8	1.2%	12.1	11.4	5.5%
400	360	359.6	0.1%	24.1	22.7	6.0%
600	540	537.8	0.4%	36.2	34.0	6.1%
800	720	720	0	48.3	45.3	6.1%

表 6.9　杆部最大应力位置及最大应力的计算结果($D = 40 \text{ mm}$; $d = 20 \text{ mm}$)

L/mm	X/mm			最大应力 /MPa		
	公式	模拟	误差	公式	模拟	误差
200	100	102.2	-2.2%	7.5	7.17	4.4%
400	200	197.8	1.1%	15.1	14.34	5.0%
600	300	297.8	0.7%	22.6	21.51	4.8%
800	400	395.6	1.1%	30.2	28.68	5.0%

表 6.10　杆部最大应力位置及最大应力的计算结果($D = 60 \text{ mm}$; $d = 20 \text{ mm}$)

L/mm	X/mm			最大应力 /MPa		
	公式	模拟	误差	公式	模拟	误差
200	150	151.1	-0.7%	3.8	3.59	5.5%
400	300	301.1	-0.4%	7.5	7.17	4.4%
600	450	448.9	0.2%	11.3	10.77	4.7%
800	600	600	0	15.1	14.34	5.0%

最大挠度：

$$f_{\max} = -\frac{64FL^3}{3E\pi dD^3} \tag{6.1}$$

最大弯曲角度：

$$\theta_{\max} = -\frac{32FL^2(D+2d)}{3E\pi d^2 D^3} \tag{6.2}$$

根部轴向应力：

$$\sigma_{\text{g}} = \frac{32FL}{\pi D^3} \tag{6.3}$$

最大应力与根部的距离：

$$X = \left[1 - \frac{d}{2(D-d)}\right]L \tag{6.4}$$

最大应力：

$$\sigma_{\max} = \sigma_x = \frac{128FL}{27\pi(D-d)d^2} \tag{6.5}$$

解析解和数值解都清楚地表明了最大挠度、最大弯曲角度和最大应力与梁的几何形状之间的关系。

对于等截面悬臂梁，在端部集中载荷的作用下，其根部所受弯矩最大，故根部所受轴向应力也最大。但是对于圆锥形状的悬臂梁，情况有些变化。在受端部集中载荷作用下,虽然根部所受弯矩最大,但是根部的截面积也变大,这两种因素相互作用,使得最大轴向应力并不一定发生在根部。这样的情况无论是采用公式的解析解,还是有限元的数值解,都有很好、很准确的结果。圆锥悬臂梁应力分布与变形挠度示意图如图 6.2 所示。 在此算例中,$d = 10$ mm,$D = 60$ mm,$L = 200$ mm,端部集中载荷 $F = 200$ N。悬臂梁上部靠近小端一侧有最大轴向拉应力,对应的下部有最大轴向压应力。

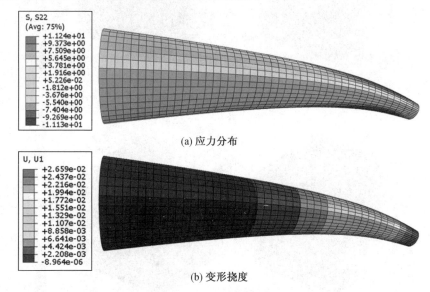

(a) 应力分布

(b) 变形挠度

图 6.2　圆锥悬臂梁应力分布与变形挠度示意图(见彩图)

以上这些计算结果是以公式的形式,或以代数的或数值的形式来表达的,这些结果也可以转化为几何的、四维的可视化表达。应用第 3 章介绍的四维描述方法,其可视化结果如图 6.3 所示。

四维形式的表达可以比较清楚地看出圆锥悬臂梁所受最大挠度、最大弯曲角度和最大轴向应力与梁的几何形状尺寸之间的定量关系。图形化的表达要比公式的表达更清楚明了。

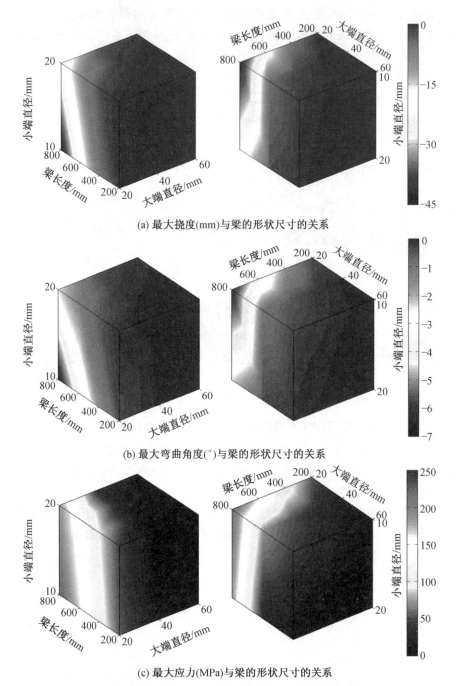

(a) 最大挠度(mm)与梁的形状尺寸的关系

(b) 最大弯曲角度(°)与梁的形状尺寸的关系

(c) 最大应力(MPa)与梁的形状尺寸的关系

图 6.3　圆锥悬臂梁受力和变形与梁的几何尺寸的关系(见彩图)

6.2　矩形堤坝和梯形堤坝应力分布

矩形堤坝和梯形堤坝示意图如图 6.4 所示。

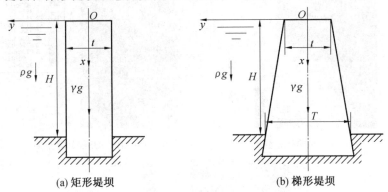

(a) 矩形堤坝　　　　　　(b) 梯形堤坝

图 6.4　矩形堤坝和梯形堤坝示意图

已知堤坝密度 $\gamma = 3$ g/cm^3，厚度 $t = 2$ m，$T = 4$ m，高度 $H = 4$ m，水密度 $\rho = 1$ g/cm^3，求堤坝体中应力分布。

实际上矩形堤坝很少见，梯形堤坝更合理些。但是针对矩形堤坝的情况有解析解如式（6.6）～（6.8）所示。解析解是在预判应力函数的形式以及对边界条件近似处理之后得到的，不是精确解，而是近似解。而采用这样的方法解决梯形堤坝的情况，其解题难度更大，甚至可能得不到解析公式。针对这两种情况，采用有限元的方法进行数值计算，则都是很简单和容易的。无论是解析计算还是数值模拟，都是将此问题简化为平面应变问题，计算结果如图 6.5 ～ 6.10 所示。

$$\sigma_x = \rho g \left(\frac{2x^2 - 4y^2}{t^3} + \frac{3}{5t} \right) xy - \gamma g x \qquad (6.6)$$

$$\sigma_y = \rho g \left(\frac{2y^3}{t^3} - \frac{3y}{2t} - \frac{1}{2} \right) x \qquad (6.7)$$

$$\tau_{xy} = \rho g \left(\frac{3x^2 y^2 - y^4}{t^3} - \frac{15x^2 - 6y^2}{20t} - \frac{t}{80} \right) \qquad (6.8)$$

对于矩形堤坝，从图 6.5 ～ 6.7 可以看出，无论是正应力还是剪应力，公式计算结果与应用两种软件的模拟结果都是比较接近的，变化趋势也很吻合，虽然两种软件的模拟结果还有些差别，但误差并不大。这说明解析方法和数值模拟的方法，都得到了令人满意的结果。

但是对于梯形堤坝，目前还不能给出解析解，而应用两种软件得到的模拟结果吻合得很好。这说明数值模拟软件的应用范围很广,是简单、有效和实用的。

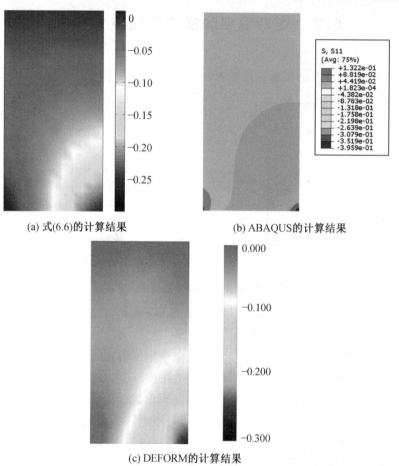

(a) 式(6.6)的计算结果　　　　　　(b) ABAQUS的计算结果

(c) DEFORM的计算结果

图 6.5　　矩形堤坝 σ_x 的计算结果(见彩图)

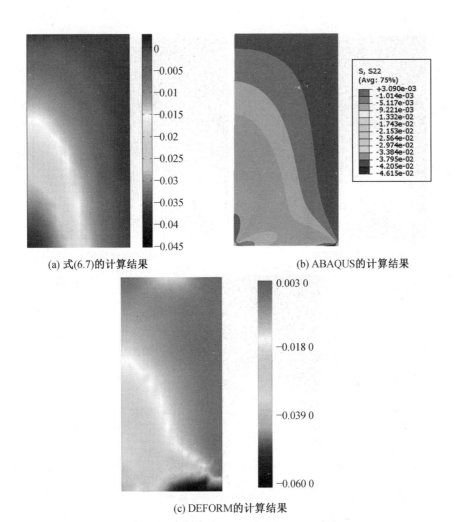

(a) 式(6.7)的计算结果　　　　　　　　　　(b) ABAQUS的计算结果

(c) DEFORM的计算结果

图 6.6　矩形堤坝 σ_y 的计算结果(见彩图)

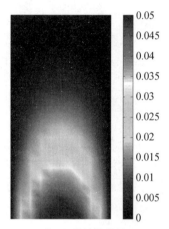

(a) 式(6.8)的计算结果

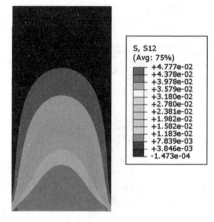

(b) ABAQUS的计算结果

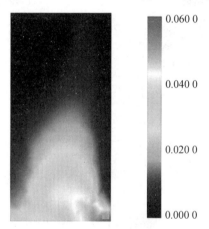

(c) DEFORM的计算结果

图 6.7　矩形堤坝 τ_{xy} 的计算结果(见彩图)

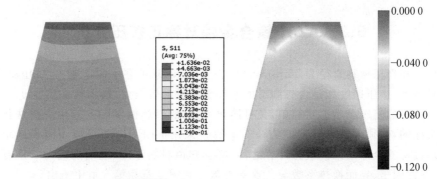

(a) ABAQUS的计算结果　　　　　(b) DEFORM的计算结果

图 6.8　梯形堤坝 σ_x 的计算结果(见彩图)

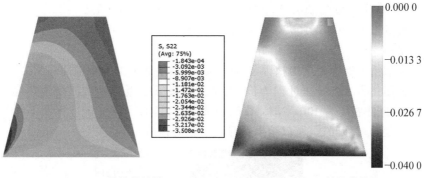

(a) ABAQUS的计算结果　　　　　(b) DEFORM的计算结果

图 6.9　梯形堤坝 σ_y 的计算结果(见彩图)

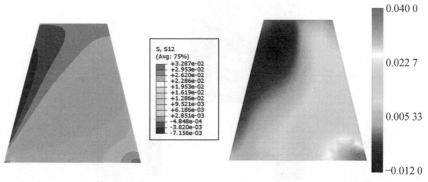

(a) ABAQUS的计算结果　　　　　(b) DEFORM的计算结果

图 6.10　梯形堤坝 τ_{xy} 的计算结果(见彩图)

6.3 AZ31 镁合金轴对称正挤压分析

已知挤压棒料直径为 50 mm,高度为 40 mm,求解在不同挤压比、挤压温度、模具温度、挤压速度和是否有润滑的条件下的最大挤压力、挤出料最高温度。

轴对称挤压虽然形状简单,又可简化为二维问题,但实际上应用解析法仍是不可能的,必须采用有限元的方法。本算例采用 DEFORM,可以很容易地求得变形过程的全部结果。模拟计算之前,必须知道材料详细、准确的应力—应变关系、摩擦因子、界面换热系数等。这些参数已在第 3 章和第 5 章中给出。

具体计算时各种参数离散如下:

①挤压比:4、9、16、25。

②挤压温度:20 ℃、100 ℃、200 ℃、300 ℃、400 ℃、500 ℃。

③模具温度:20 ℃、100 ℃、200 ℃、300 ℃。

④挤压速度:20 mm/s、40 mm/s。

⑤无润滑干摩擦时的摩擦因子为 0.35,而石墨润滑油的摩擦因子为 0.052。

以挤压比为 4 的挤压过程为例,当挤压冲头温度为 20 ℃,凹模预热温度为 100 ℃,挤压件温度为 400 ℃时,图 6.11 显示了其轴对称挤压过程及温度场分布。因为是轴对称问题,所以结果只显示了轴对称的一半。

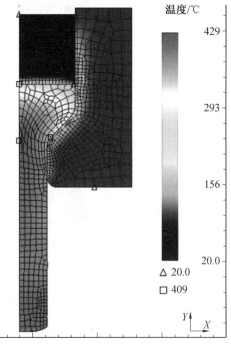

图 6.11 轴对称挤压过程及温度场分布示意图(见彩图)

在计算结果中选取最大挤压力和最高温度的数值是有偏差的,因为当采用不同的网格、不同的计算步长时,这些数值会有一定的变化。但在各种计算条件变化不大的情况下,其结果的大致规律还是清楚可信的。

　　最大挤压力和挤出料最高温度的计算结果见表 6.11～6.18。表中干摩擦的数据在前,石墨油润滑的数据在后。

表 6.11　挤压比为 4、挤压速度为 20 mm/s 时的计算结果

挤压温度 /℃	参数	模具(凹模)温度/℃			
		20	100	200	300
20	最大挤压力/(×10⁶N)	1.35～1.07	1.33～1.05	1.30～1.03	1.25～1.00
	挤出料最高温度/℃	253～226	262～237	281～252	302～300
100	最大挤压力/(×10⁶N)	1.14～0.89	1.11～0.87	1.07～0.84	1.03～0.82
	挤出料最高温度/℃	267～251	278～257	297～272	314～300
200	最大挤压力/(×10⁶N)	0.86～0.74	0.83～0.69	0.80～0.62	0.75～0.59
	挤出料最高温度/℃	305～300	308～303	323～309	343～324
300	最大挤压力/(×10⁶N)	0.62～0.56	0.59～0.53	0.56～0.47	0.53～0.42
	挤出料最高温度/℃	362～360	362～361	367～364	380～371
400	最大挤压力/(×10⁶N)	0.48～0.42	0.46～0.38	0.41～0.34	0.36～0.31
	挤出料最高温度/℃	428～428	431～429	434～431	437～434
500	最大挤压力/(×10⁶N)	0.39～0.33	0.34～0.29	0.31～0.25	0.27～0.24
	挤出料最高温度/℃	509～510	509～510	510～511	511～511

表 6.12　挤压比为 4、挤压速度为 40 mm/s 时的计算结果

挤压温度 /℃	参数	模具(凹模)温度/℃			
		20	100	200	300
20	最大挤压力/(×10⁶N)	1.35～1.07	1.33～1.06	1.31～1.05	1.28～1.03
	挤出料最高温度/℃	273～235	282～245	294～259	318～300
100	最大挤压力/(×10⁶N)	1.12～0.88	1.10～0.96	1.07～0.85	1.05～0.84
	挤出料最高温度/℃	290～265	300～269	312～282	330～300
200	最大挤压力/(×10⁶N)	0.84～0.65	0.82～0.64	0.79～0.63	0.77～0.61
	挤出料最高温度/℃	316～312	327～313	343～317	358～331
300	最大挤压力/(×10⁶N)	0.60～0.49	0.58～0.48	0.56～0.43	0.55～0.43
	挤出料最高温度/℃	373～372	375～373	378～374	395～378
400	最大挤压力/(×10⁶N)	0.43～0.36	0.40～0.33	0.37～0.31	0.34～0.29
	挤出料最高温度/℃	440～440	441～441	443～441	444～442
500	最大挤压力/(×10⁶N)	0.31～0.26	0.29～0.24	0.26～0.22	0.23～0.20
	挤出料最高温度/℃	516～516	517～516	517～516	517～517

表 6.13　挤压比为 9、挤压速度为 20 mm/s 时的计算结果

挤压温度/℃	参数	模具(凹模)温度/℃			
		20	100	200	300
20	最大挤压力/(×10⁶N)	1.97～1.44	1.73～1.51	1.69～1.39	1.65～1.34
	挤出料最高温度/℃	287～274	287～282	298～285	323～300
100	最大挤压力/(×10⁶N)	1.56～1.57	1.42～1.15	1.36～1.43	1.28～1.23
	挤出料最高温度/℃	300～297	304～297	317～304	335～316
200	最大挤压力/(×10⁶N)	1.19～1.44	1.15～1.02	0.98～0.82	1.01～0.81
	挤出料最高温度/℃	328～324	334～329	338～334	358～346
300	最大挤压力/(×10⁶N)	0.98～0.79	0.92～0.63	0.85～0.57	0.66～0.61
	挤出料最高温度/℃	376～374	378～378	384～381	392～388
400	最大挤压力/(×10⁶N)	0.84～0.49	0.69～0.45	0.49～0.51	0.57～0.46
	挤出料最高温度/℃	441～440	441～441	443～442	447～446
500	最大挤压力/(×10⁶N)	0.61～0.51	0.53～0.44	0.48～0.39	0.42～0.44
	挤出料最高温度/℃	515～514	516～515	517～516	519～518

表 6.14　挤压比为 9、挤压速度为 40 mm/s 时的计算结果

挤压温度/℃	参数	模具(凹模)温度/℃			
		20	100	200	300
20	最大挤压力/(×10⁶N)	1.77～1.69	1.75～1.43	1.72～1.41	1.69～1.39
	挤出料最高温度/℃	298～280	317～275	324～284	336～300
100	最大挤压力/(×10⁶N)	1.45～1.16	1.42～1.14	1.38～1.13	1.33～1.14
	挤出料最高温度/℃	312～304	320～305	333～304	346～329
200	最大挤压力/(×10⁶N)	1.12～1.14	1.02～0.88	1.06～1.10	1.02～0.82
	挤出料最高温度/℃	341～338	343～340	358～351	375～347
300	最大挤压力/(×10⁶N)	0.75～0.78	0.74～0.72	0.74～0.79	0.69～0.61
	挤出料最高温度/℃	390～389	392～391	394～392	404～395
400	最大挤压力/(×10⁶N)	0.67～0.45	0.58～0.51	0.52～0.47	0.51～0.46
	挤出料最高温度/℃	452～452	452～453	453～454	456～454
500	最大挤压力/(×10⁶N)	0.52～0.46	0.46～0.40	0.44～0.33	0.41～0.41
	挤出料最高温度/℃	524～524	524～524	524～525	526～525

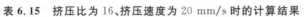

表 6.15　挤压比为 16、挤压速度为 20 mm/s 时的计算结果

挤压温度/℃	参数	模具(凹模)温度/℃			
		20	100	200	300
20	最大挤压力/($\times 10^6$N)	2.21～1.79	2.11～1.91	2.01～1.83	1.94～1.71
	挤出料最高温度/℃	299～289	312～309	316～303	331～310
100	最大挤压力/($\times 10^6$N)	1.88～1.63	1.69～1.49	1.63～1.59	1.49～1.37
	挤出料最高温度/℃	310～308	317～314	334～315	345～324
200	最大挤压力/($\times 10^6$N)	1.43～1.57	1.44～1.18	1.23～1.28	1.12～0.96
	挤出料最高温度/℃	336～332	339～334	354～349	361～357
300	最大挤压力/($\times 10^6$N)	1.17～1.14	0.88～1.07	0.80～0.65	0.83～0.64
	挤出料最高温度/℃	383～379	384～382	387～386	402～390
400	最大挤压力/($\times 10^6$N)	0.63～0.86	0.59～0.76	0.72～0.63	0.76～0.40
	挤出料最高温度/℃	447～442	448～445	449～445	451～449
500	最大挤压力/($\times 10^6$N)	0.61～0.72	0.62～0.54	0.53～0.55	0.51～0.78
	挤出料最高温度/℃	520～520	521～520	522～520	523～522

表 6.16　挤压比为 16,挤压速度为 40 mm/s 时的计算结果

挤压温度/℃	参数	模具(凹模)温度/℃			
		20	100	200	300
20	最大挤压力/($\times 10^6$N)	2.12～1.74	2.08～1.80	2.04～1.70	2.00～1.76
	挤出料最高温度/℃	315～295	324～304	346～311	340～305
100	最大挤压力/($\times 10^6$N)	1.72～1.54	1.69～1.44	1.65～1.33	1.55～1.46
	挤出料最高温度/℃	322～311	333～313	348～312	359～335
200	最大挤压力/($\times 10^6$N)	1.28～1.03	1.20～1.28	1.20～0.99	1.19～0.97
	挤出料最高温度/℃	357～345	367～350	373～349	375～354
300	最大挤压力/($\times 10^6$N)	0.89～85	0.86～0.70	0.85～0.68	0.83～0.67
	挤出料最高温度/℃	393～394	393～388	403～394	401～389
400	最大挤压力/($\times 10^6$N)	0.60～0.50	0.58～0.62	0.57～0.56	0.55～0.44
	挤出料最高温度/℃	456～457	457～490	458～459	459～459
500	最大挤压力/($\times 10^6$N)	0.53～0.57	0.64～0.48	0.48～0.42	0.58～0.41
	挤出料最高温度/℃	530～531	530～531	531～531	533～532

表 6.17　挤压比为 25、挤压速度为 20 mm/s 时的计算结果

挤压温度 /℃	参数	模具(凹模)温度/℃			
		20	100	200	300
20	最大挤压力/($\times 10^6$ N)	2.41～1.85	2.29～1.87	2.22～1.82	2.16～1.78
	挤出料最高温度/℃	299～287	317～310	313～307	337～310
100	最大挤压力/($\times 10^6$ N)	1.97～1.54	1.88～1.70	1.84～1.63	1.72～1.43
	挤出料最高温度/℃	306～306	321～313	336～318	348～317
200	最大挤压力/($\times 10^6$ N)	1.50～1.10	1.42～1.12	1.32～1.07	1.28～1.01
	挤出料最高温度/℃	336～330	345～337	350～331	358～345
300	最大挤压力/($\times 10^6$ N)	1.09～0.80	1.00～0.77	0.93～0.74	0.90～0.71
	挤出料最高温度/℃	385～384	387～385	389～380	391～384
400	最大挤压力/($\times 10^6$ N)	0.70～0.51	0.67～0.49	0.63～0.47	0.58～0.46
	挤出料最高温度/℃	451～449	452～448	453～448	454～449
500	最大挤压力/($\times 10^6$ N)	0.53～0.43	0.58～0.52	0.47～0.43	0.48～0.48
	挤出料最高温度/℃	524～525	525～525	527～527	529～529

表 6.18　挤压比为 25、挤压速度为 40 mm/s 时的计算结果

挤压温度 /℃	参数	模具(凹模)温度/℃			
		20	100	200	300
20	最大挤压力/($\times 10^6$ N)	2.45～1.89	2.42～1.88	2.39～1.85	2.35～1.83
	挤出料最高温度/℃	320～287	338～291	344～288	355～306
100	最大挤压力/($\times 10^6$ N)	1.95～1.57	1.92～1.55	1.89～1.55	1.78～1.52
	挤出料最高温度/℃	340～303	334～292	339～306	370～300
200	最大挤压力/($\times 10^6$ N)	1.50～1.19	1.44～1.16	1.42～1.19	1.38～1.07
	挤出料最高温度/℃	361～339	362～337	375～334	379～347
300	最大挤压力/($\times 10^6$ N)	1.04～0.81	1.03～0.78	1.00～0.75	0.97～0.72
	挤出料最高温度/℃	394～386	392～387	392～387	401～388
400	最大挤压力/($\times 10^6$ N)	0.70～0.54	0.66～0.52	0.64～0.49	0.62～0.47
	挤出料最高温度/℃	461～458	460～452	461～452	462～458
500	最大挤压力/($\times 10^6$ N)	0.64～0.74	0.56～0.58	0.59～0.60	0.60～0.56
	挤出料最高温度/℃	537～540	538～541	541～543	552～544

计算的可视化结果如图 6.12 和图 6.13 所示。在每个图中,上面两个图表示在干摩擦条件下的结果;下面两个图表示在润滑条件下的结果;而左侧两个图表示在挤压速度为 20 mm/s 条件下的结果;右侧两个图表示在挤压速度为 40 mm/s 条件下的结果。

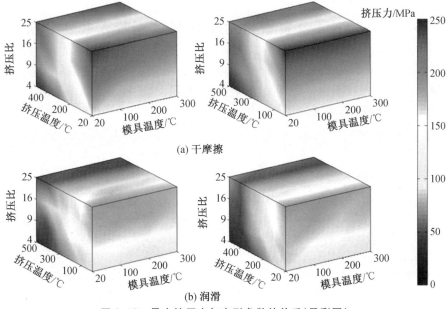

(a) 干摩擦

(b) 润滑

图 6.12　最大挤压力与变形参数的关系(见彩图)

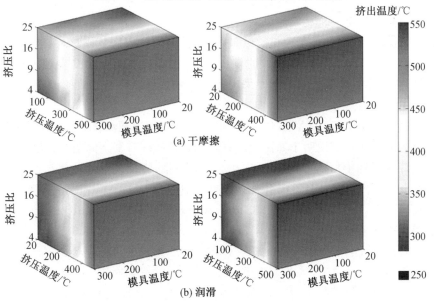

(a) 干摩擦

(b) 润滑

图 6.13　最高挤出温度与变形参数的关系(见彩图)

总体来说,润滑对降低挤压力有效,挤压速度为 20～40 mm/s,影响不明显。挤压比和挤压温度对挤压力的影响较大,而模具温度对挤压力的影响不大。对于挤出件最高温度的影响,只有挤压温度最明显,其他参数的影响作用都很小,即使是挤压比的作用也不大。

6.4 AZ31 镁合金板材两辊轧制过程咬入条件分析

已知轧辊直径为 600 mm,初始咬入形式分为全角咬入和半包角咬入,如图 6.14 所示。求解在不同板料厚度、压下量、板料温度、轧辊温度条件下,咬入条件或咬入临界摩擦因子的变化规律。

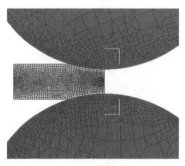
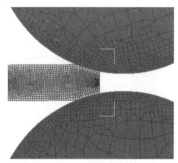

(a) 全角咬入　　　　　　　　　　　　　　　(b) 半包角咬入

图 6.14　全角咬入和半包角咬入示意图(见彩图)

板材轧制也是一个比较简单的塑性加工过程,就其轧制咬入条件,有许多经验公式,并没有严格的理论分析和结果,而经验公式的应用范围比较有限。虽然咬入条件并不是工程上或学术上的重要问题,但它确实是一个受多种因素影响的条件,很难用一个公式来表达。采用有限元软件可以给出有效的参考值,同时定量给出多种因素的影响结果。

本算例采用 DEFORM 软件,可以很容易定量地求得咬入条件,当然计算量也是很大的。此算例说明了如何应用有限元软件实现对复杂问题的数值描述。

在计算过程中所需要的材料应力-应变关系、界面换热系数等已在第 3 章和第 5 章中给出。具体计算时各种参数离散如下:

板料厚度:100 mm、80 mm、50 mm、30 mm、20 mm、10 mm、5 mm。

道次压下量:10％、15％、20％、25％、30％、35％、40％、45％、50％。

板料温度:20 ℃、100 ℃、200 ℃、300 ℃、400 ℃、500 ℃。

轧辊温度:450 ℃、300 ℃、150 ℃、20 ℃。

计算时以坯料不打滑时的最小摩擦因子作为临界咬入摩擦因子,保留小数点后面两位。计算的可视化结果如图 6.15 和图 6.16 所示。图中颜色代表着临界咬入摩擦因子。

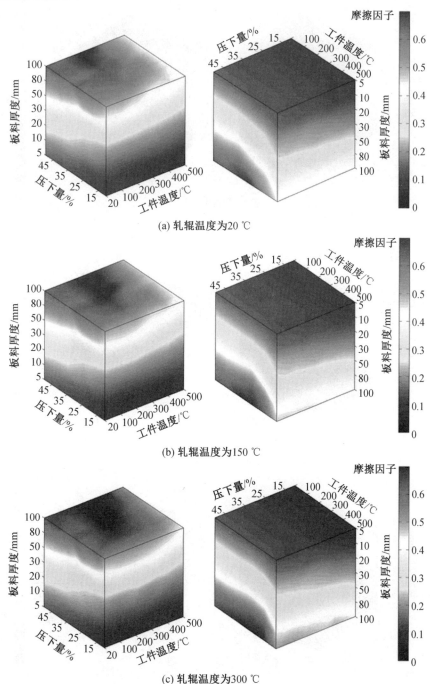

(a) 轧辊温度为20 ℃

(b) 轧辊温度为150 ℃

(c) 轧辊温度为300 ℃

图6.15　半包角咬入时临界咬入摩擦因子与工件温度、压下量和板料厚度关系图(见彩图)

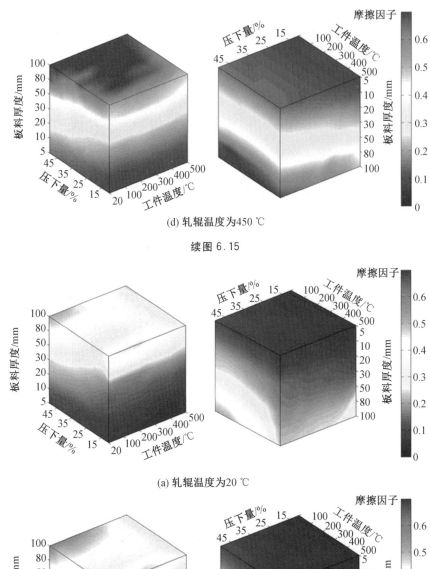

(d) 轧辊温度为450 ℃

续图 6.15

(a) 轧辊温度为20 ℃

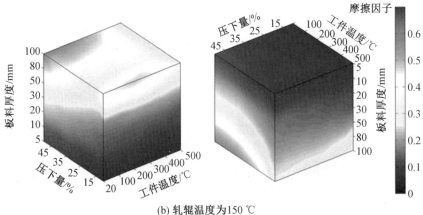

(b) 轧辊温度为150 ℃

图6.16 全角咬入时临界咬入摩擦因子与工件温度、压下量和板料厚度关系图(见彩图)

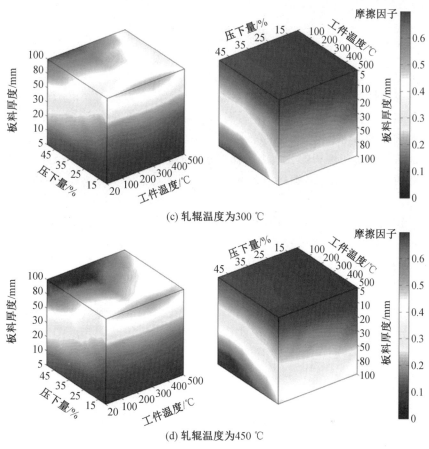

(c) 轧辊温度为300 ℃

(d) 轧辊温度为450 ℃

续图 6.16

从图 6.15 和图 6.16 可以看出，当轧辊直径确定后，在轧制过程中的几何因素对咬入条件的影响大，几何因素包括板料厚度、压下量和咬入形式，显然全角咬入要比半包角咬入更容易一些，包角越小，越不容易被咬入。温度因素对咬入条件影响小一些，例如，工件温度对咬入条件的影响很小，而轧辊温度越高，要求临界摩擦因子也越大。这里没有考虑厚板坯轧制时，坯料初始速度以及薄板轧制时前后张力对咬入条件的影响。实际上这两种因素对咬入条件也有很大的影响。还有一个因素没有被考虑到，就是轧辊转速。如果想把尽可能多的因素考虑在内，那么模拟计算的工作量是很大的，这时有必要对有限元软件的使用方式进行改进。

思考题与习题

1.试说明针对材料变形问题,解析方法适用的范围在哪里? 而数值方法大范围的有效性又能给我们以怎样的启发?

2.根据圆锥悬臂梁的计算结果,影响悬臂最大挠度、最大弯曲角度和最大应力的影响因素有哪些? 影响程度的顺序如何?

3.可否尝试用解析的方法求解梯形水坝的应力分布?

4.对热挤压来说,影响挤压力和挤压温度的因素有哪些? 影响程度的顺序如何?

5.影响板材轧制咬入条件的因素有哪些? 这些因素对轧制力、轧制扭矩等是否也有影响? 像这样比较复杂的问题或是多因素影响的问题,如果想通过数值模拟的方法全面了解清楚,应该是很巨大的计算量,那么应该如何利用、改进和完善现有软件的使用方式以更好地完成这个巨大的计算量呢?

附 录

本 附录给出了用二维、三维和四维方法来描述材料应力—应变关系的 MATLAB 程序,供读者参考。

附录1 应力－应变关系体积数据数组建立的 MATLAB 程序

%以 AZ31 镁合金为例,选择适当的应力－应变实测数据点,建立体积数据数组；

```
% X=stain rate=0.01,0.03,0.1,0.3,1,3,10   1/s;
% Y=strain=0,0.01,0.1,0.2,0.3,0.4,0.5,0.6;
% Z=temperature=20,100,200,300,400 ℃;
clf；clear；
% T=20 ℃
ES20=[0     0     0     0     0     0     0；
106.8  110.3  114.2  117.7  121.6  125.5  129.5；
253.2  259.1  265.6  271.4  277.9  284.4  291.1；
326.5  336.3  347.1  356.9  367.6  378.3  389.6；
319.4  328.3  338.0  346.8  356.5  366.2  376.3；
314.1  321.9  330.5  338.3  346.8  355.3  364.3；
307.1  313.6  320.8  327.3  334.4  341.5  349.0；
300.0  306.1  312.8  318.9  325.6  332.3  339.3]；
% T=100 ℃
ES100=[0    0     0     0     0     0     0；
94.1  97.7  101.6  105.1  109.0  112.9  119.0；
233.7  237.8  242.3  246.5  251.0  255.5  277.0；
293.3  297.8  302.7  309.1  316.1  323.1  332.0；
290.0  294.2  298.8  307.4  316.9  326.4  330.0；
290.0  293.8  298.0  306.3  315.3  324.3  328.0；
290.0  292.9  296.0  303.0  310.6  318.2  324.0；
287.8  290.8  294.1  300.1  306.7  313.3  320.0]；
% T=200 ℃
ES200=[0    0     0     0     0     0     0；
66.6  71.2  76.2  78.8  81.7  84.6  95.0；
178.4  184.3  190.8  197.7  205.2  212.7  228.0；
```

```
188.0   208.3   230.6   238.8   247.7   256.6   252.0;
158.0   186.4   217.6   223.2   229.4   235.6   203.0;
139.0   171.7   207.6   212.7   218.2   223.7   195.0;
131.8   165.2   201.8   206.3   211.2   216.1   192.0;
130.6   161.8   195.9   200.4   205.3   210.2   190.0];
% T=300 ℃
ES300=[0   0   0   0   0   0   0;
50.054.2   58.8   62.5   66.5   70.5   70.0;
95.7102.8   110.5   125.1   141.2   157.3   182.0;
90.6100.7   111.8   133.1   156.5   179.9   212.0;
82.492.2   102.9   122.6   144.1   165.6   192.0;
80.087.3   95.3   113.2   132.9   152.6   164.0;
79.083.3   87.0   101.9   118.2   134.5   114.0;
78.083.0   86.0   98.5   111.2   123.9   109.0];
% T=400 ℃
ES400=[0.00.0   0.0   0.0   0.0   0.0   0.0;
22.226.4   31.1   35.3   44.2   54.4   60.0;
49.456.2   63.6   70.4   86.1   97.8   104.0;
47.656.0   65.2   73.6   87.8   98.0   105.0;
45.654.0   63.3   71.7   81.0   92.2   90.0;
45.953.0   60.7   67.8   76.3   86.9   77.0;
45.851.0   56.8   62.0   68.3   77.5   59.0;
45.750.0   54.7   59.0   63.0   70.6   59.0];
ESxyz=cat(3,ES20,ES100,ES200,ES300,ES400);
ES=flipdim(ESxyz,3);
ESxzy=permute(ESxyz,[1,3,2]);
ESzyx=shiftdim(ESxzy,1);
```

附录 2　应力－应变关系三维描述的 MATLAB 程序

```
surf(ESxyz(:,:,1)),hold on
surf(ESxyz(:,:,2)),hold on
surf(ESxyz(:,:,3)),hold on
surf(ESxyz(:,:,4)),hold on
surf(ESxyz(:,:,5)),hold off
%surf(ESxzy(:,:,1)'),hold on
%surf(ESxzy(:,:,2)'),hold on
%surf(ESxzy(:,:,3)'),hold on
%surf(ESxzy(:,:,4)'),hold on
%surf(ESxzy(:,:,5)'),hold on
%surf(ESxzy(:,:,6)'),hold on
%surf(ESxzy(:,:,7)'),hold off
%surf(ESzyx(:,:,1)),hold on
%surf(ESzyx(:,:,2)),hold on
%surf(ESzyx(:,:,3)),hold on
%surf(ESzyx(:,:,4)),hold on
%surf(ESzyx(:,:,5)),hold on
%surf(ESzyx(:,:,6)),hold on
%surf(ESzyx(:,:,7)),hold on
%surf(ESzyx(:,:,8)),hold off
colormap(jet)
caxis([0,400])
shading interp
colorbar
```

附录3　应力－应变关系四维描述的 MATLAB 程序

```
Sx=[1,7];
Sy=[1,8];
Sz=[1,5];
slice(ES, Sx, Sy, Sz);
colormap(jet);
caxis([0,400]);
shading interp;
axis tight;
colorbar;
box on;
```

参考文献

[1] 徐芝纶. 弹性力学[M]. 3 版. 北京：高等教育出版社,1990.

[2] 张行. 高等弹性理论[M]. 北京：北京航空航天大学出版社,1994.

[3] 蒋玉川,张建海,李章政. 弹性力学与有限元法[M]. 北京：科学出版社, 2006.

[4] REINER K, HERBERT W. 金属塑性成形导论[M]. 康永林,洪慧平,译. 北京：高等教育出版社,2010.

[5] 董湘怀. 金属塑性成形原理[M]. 北京：机械工业出版社,2011.

[6] 王振范,刘相华. 能量理论及其在金属塑性成形中的应用[M]. 北京：科学出版社,2009.

[7] 盖秉政. 弹性力学[M]. 哈尔滨：哈尔滨工业大学出版社,2009.

[8] 戴世强,张文,冯秀芳. 古今力学思想与方法[M]. 上海：上海大学出版社, 2005.

[9] 曾攀. 有限元分析及应用[M]. 北京：清华大学出版社,2004.

[10] 陆明万,张雄,葛东云. 工程弹性力学与有限元法[M]. 北京：清华大学出版社,2005.

[11] 李开泰,黄艾香,黄庆怀. 有限元方法及其应用[M]. 北京：科学出版社, 2006.

[12] 李亚智,赵美英,万小朋. 有限元法基础与程序设计[M]. 北京：科学技术出版社,2001.

[13] 李人宪. 有限元法基础[M]. 北京：国防工业出版社,2010.

[14] 龙驭球,龙志飞,岑松. 新型有限元论[M]. 北京：清华大学出版社,2004.

[15] DARYL L L. 有限元方法基础教程[M]. 伍义生,等译. 北京：电子工业出版社,2003.

[16] 王焕定,焦兆平. 有限单元法基础[M]. 北京：高等教育出版社,2002.

[17] 薛守义. 有限单元法[M]. 北京：中国建材工业出版社,2005.

[18] 付宝连. 弹性力学中的能量原理及其应用[M]. 北京：科学出版社,2004.

[19] 张凯锋,魏艳红,魏尊杰,等. 材料热加工过程的数值模拟[M]. 哈尔滨：哈尔滨工业大学出版社,2003.

[20] 21 世纪 100 个科学难题编写组. 21 世纪 100 个科学难题[M]. 长春：吉林人民出版社,1998.

[21] 李喜先. 21 世纪 100 个交叉科学难题[M]. 北京：科学出版社,2005.

[22] 高隆昌. 大自然复杂性原理[M]. 北京：科学出版社,2004.

[23] 尼古拉斯·雷舍尔. 复杂性：一种哲学概观[M]. 吴彤,译. 上海：上海科技教育出版社,2007.

[24] 周智证. 当代世界科学三大任务[M]. 广州：南方日报出版社,2007.

[25] 黄欣荣. 复杂性科学与哲学[M]. 北京：中央编译出版社,2007.

[26] 欧阳光明,郭卫,王青. 遨游系统的海洋：系统方法谈[M]. 上海：上海交通大学出版社,2006.

[27] 北京大学现代科学与哲学研究中心. 复杂性新探[M]. 北京：人民出版社,2007.

[28] 刘佑昌. 现代物理思想渊源[M]. 北京：清华大学出版社,2010.

[29] 温伯格. 终极理论之梦[M]. 李泳,译. 长沙：湖南科学技术出版社,2007.

[30] 吴宗汉,周雨青. 物理学史与物理学思想方法论[M]. 北京：清华大学出版社,2007.

[31] 李卫,刘义荣. 理论物理导论[M]. 北京：北京理工大学出版社,2007.

[32] R·L·普瓦德万. 四维旅行[M]. 胡凯衡,邹若竹,译. 长沙：湖南科技大学出版社,2007.

[33] 汤甦野. 熵：一个世纪之谜的解析[M]. 合肥：中国科学技术大学,2004.

[34] 冯端,冯少彤. 溯源探幽：熵的世界[M]. 北京：科学出版社,2005.

[35] 席德勋. 非线性物理学[M]. 南京：南京大学出版社,2000.

[36] 梁美灵,王则柯. 混沌与均衡纵横谈[M]. 大连：大连理工大学出版社,2008.

[37] 吴国林,孙显曜. 物理学哲学导论[M]. 北京：人民出版社,2007.

[38] 刘连寿. 理论物理基础教程[M]. 北京：高等教育出版社,2003.

[39] 李世勇. 非线性科学与复杂性科学[M]. 哈尔滨：哈尔滨工业大学出版社,2006.

[40] 刘祖岩,刘钢,梁书锦. AZ31 镁合金应力－应变关系的测定与四维描述[J]. 稀有金属材料与工程, 2007, 36(增刊)：304-307.

[41] 黄光胜,汪凌云,黄光杰. AZ31 镁合金高温本构方程[J]. 金属成形工艺, 2004, 22(2)：41-44.

[42] 苏新艳,刘祖岩,李达人. W－40%Cu 合金应力－应变曲线的测定与描述[J]. 粉末冶金技术,2009,27(2)：91-94.

[43] 邰英楼,海龙. 材料力学[M]. 北京：煤炭工业出版社,2013.

[44] 莫淑华,于久灏,王佳杰. 工程材料力学性能[M]. 北京：北京大学出版社，2013.

[45] 熊斌,吴国林. 最小作用量原理及其意义[J]. 四川师范大学学报(自然科学版),1993,16(6)：64-69.

[46] 许良. 最小作用量原理与物理学的发展[M]. 成都：四川教育出版社，2001.

[47] 塔拉. 最小作用量原理与简单性原则[J]. 内蒙古大学学报,2003,35(1)：116-120.

[48] 李秀芬,梁廷高. 对最小作用量原理的一些思考[J]. 四川师范大学学报(自然科学版),1998,21(2)：227-230.

[49] 邬鸿勋,龚晓任,龚平. 流体力学的 Lagrange 函数和最小作用量原理[J]. 海军工程学院学报,1991,4：79.

[50] 朗道,栗弗席兹. 理论物理学教程系列丛书[M]. 北京：高等教育出版社，2012.

[51] 龚曙光,边炳传. 有限元基本理论及应用[M]. 武汉：华中科技大学出版社,2013.

[52] 杨咸启,李晓玲. 现代有限元理论技术与工程应用[M]. 北京：北京航空航天大学出版社,2007.

[53] 王勖成,邵敏. 有限单元法基本原理和数值方法[M]. 北京：清华大学出版社,1997.

[54] 钟万勰,李开泰. 有限元理论与方法(第三分册)[M]. 北京：科学出版社，2009.

[55] 徐次达,华伯浩. 固体力学有限元理论、方法及程序[M]. 北京：水利电力出版社，1983.

[56] O. C.监凯维奇. 有限元法[M]. 尹泽勇，柴家振，译. 北京：科学出版社，1985.

[57] 陈道礼,饶刚,魏国前. 结构分析有限元法的基本原理及工程应用[M]. 北京:冶金工业出版社，2012.

[58] 杨庆生. 现代计算固体力学[M]. 北京：科学出版社,2007.

[59] 秦太验,徐春晖,周喆. 有限元法及其应用[M]. 北京：中国农业大学出版社,2011.

[60] 丁科,殷水平. 有限单元法[M]. 2 版. 北京：北京大学出版社，2012.

[61] 刘怀恒. 结构及弹性力学有限单元法[M]. 西安：西北工业大学出版社，2007.

[62] 王仲仁. 锻压手册锻造卷[M]. 北京：机械工业出版社，2002.

[63] 杨世铭,陶文铨. 传热学[M]. 北京:高等教育出版社,1998.

[64] 戴锅生. 传热学[M]. 北京:高等教育出版社,1999.

[65] 赵镇南. 传热学[M]. 北京:高等教育出版社,2002.

[66] 姚仲鹏,王瑞君,张习军. 传热学[M]. 北京:北京理工大学出版社,
     1995.

[67] 王俊民,江理平. 弹性力学复习及解题指导[M]. 上海:同济大学出版社,
     2003.

附部分彩图

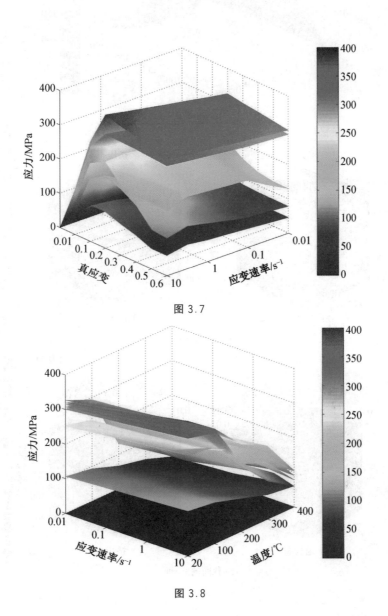

图 3.7

图 3.8

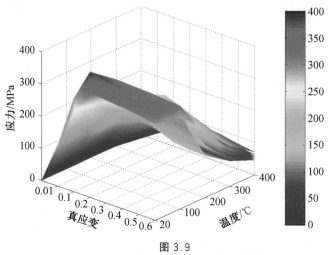

图 3.9

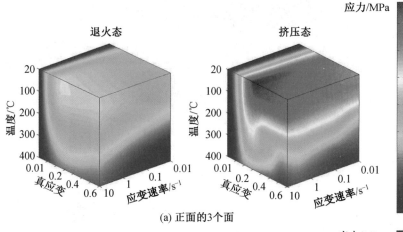

(a) 正面的3个面

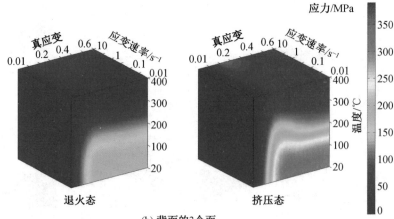

(b) 背面的3个面

图 3.10

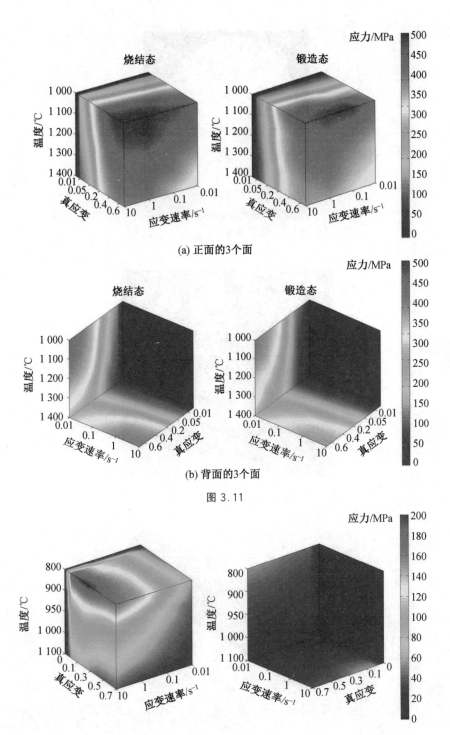

应力/MPa

烧结态 锻造态

(a) 正面的3个面

应力/MPa

烧结态 锻造态

(b) 背面的3个面

图 3.11

应力/MPa

图 3.12

图 5.15

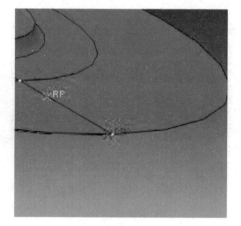

图 5.25

图 5.53

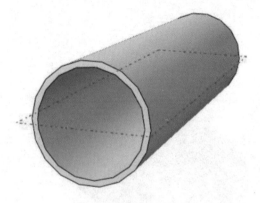

图 5.60

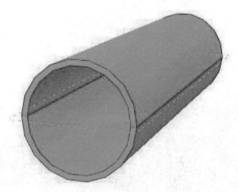

图 5.62

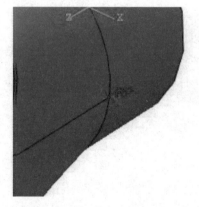

图 5.67

图 5.74

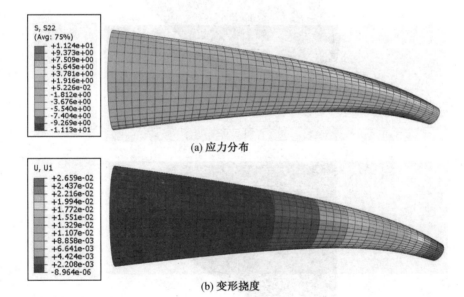

(a) 应力分布

(b) 变形挠度

图 6.2

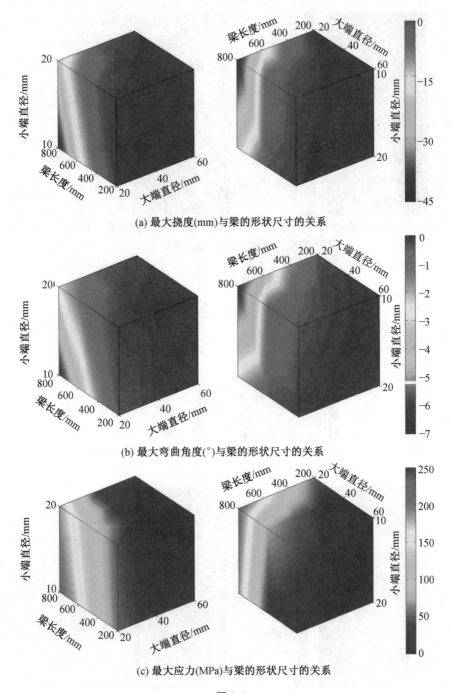

(a) 最大挠度(mm)与梁的形状尺寸的关系

(b) 最大弯曲角度(°)与梁的形状尺寸的关系

(c) 最大应力(MPa)与梁的形状尺寸的关系

图 6.3

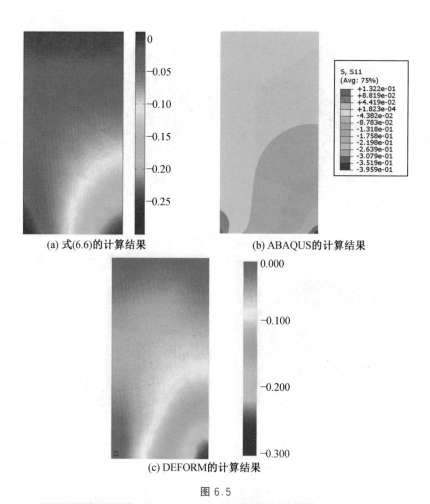

(a) 式(6.6)的计算结果　　　　　　　(b) ABAQUS的计算结果

(c) DEFORM的计算结果

图 6.5

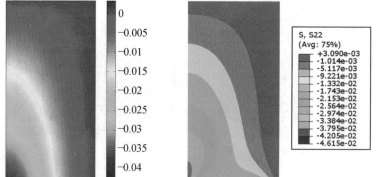

(a) 式(6.7)的计算结果　　　　　　　(b) ABAQUS的计算结果

图 6.6

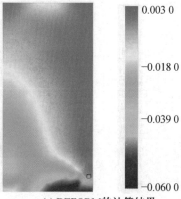

(c) DEFORM的计算结果

续图 6.6

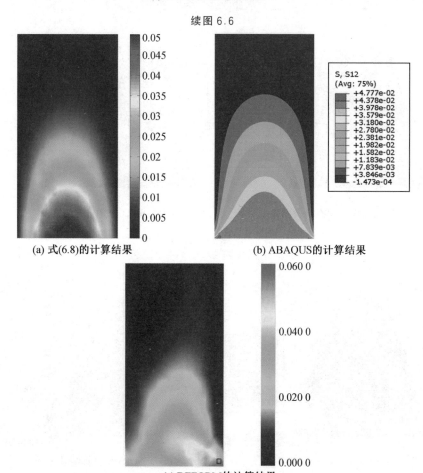

(a) 式(6.8)的计算结果

(b) ABAQUS的计算结果

(c) DEFORM的计算结果

图 6.7

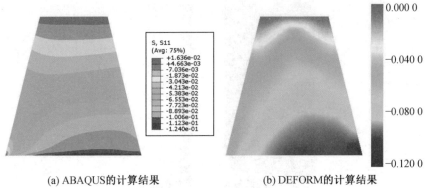

(a) ABAQUS的计算结果　　　　　　(b) DEFORM的计算结果

图 6.8

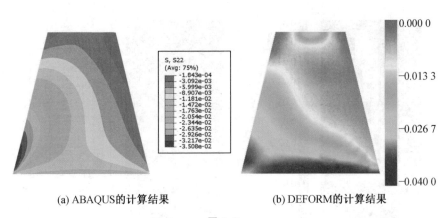

(a) ABAQUS的计算结果　　　　　　(b) DEFORM的计算结果

图 6.9

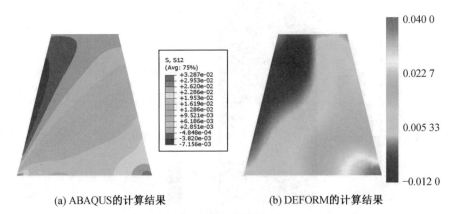

(a) ABAQUS的计算结果　　　　　　(b) DEFORM的计算结果

图 6.10

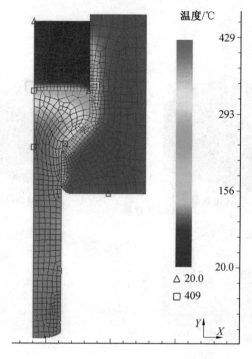

图 6.11

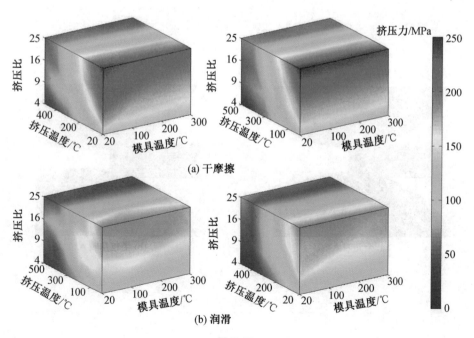

(a) 干摩擦

(b) 润滑

图 6.12

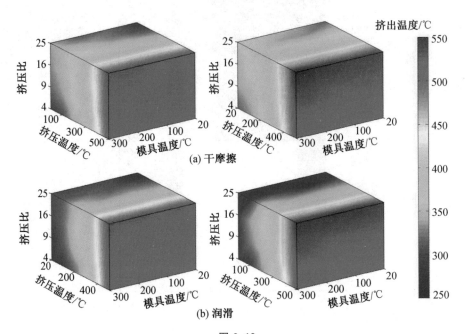

(a) 干摩擦

(b) 润滑

图 6.13

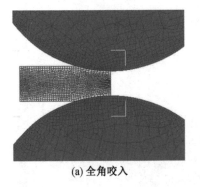

(a) 全角咬入

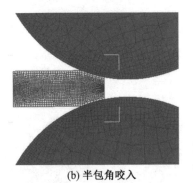

(b) 半包角咬入

图 6.14

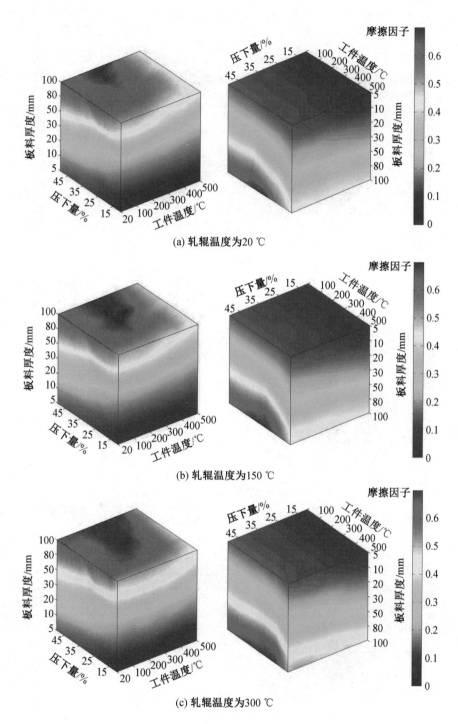

(a) 轧辊温度为20 ℃

(b) 轧辊温度为150 ℃

(c) 轧辊温度为300 ℃

图 6.15

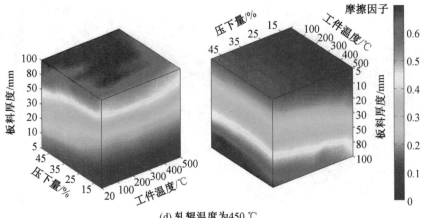

(d) 轧辊温度为450 ℃

续图 6.15

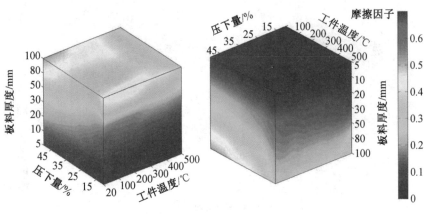

(a) 轧辊温度为20 ℃

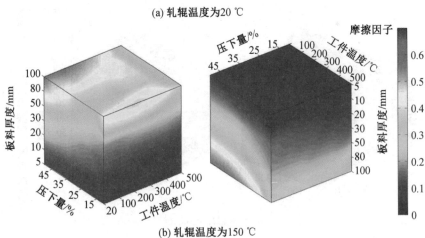

(b) 轧辊温度为150 ℃

图 6.16

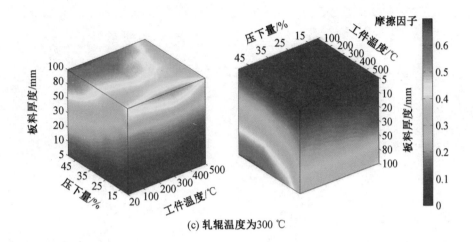

(c) 轧辊温度为300 ℃

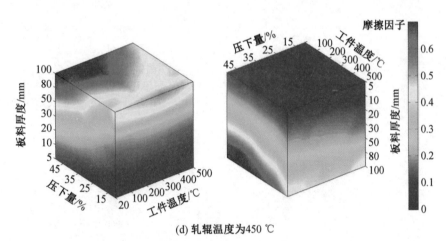

(d) 轧辊温度为450 ℃

续图 6.16